色素増感

カラーフィルムから
ペロブスカイト太陽電池まで

日本化学会［編］
谷　忠昭［著］

共立出版

『化学の要点シリーズ』編集委員会

『化学の要点シリーズ』発刊に際して

現在，我が国の大学教育は大きな節目を迎えている．近年の少子化傾向，大学進学率の上昇と連動して，各大学で学生の学力スペクトルが以前に比較して，大きく拡大していることが実感されている．これまでの「化学を専門とする学部学生」を対象にした大学教育の実態も大きく変貌しつつある．自主的な勉学を前提とし「背中を見せる」教育のみに依拠する時代は終焉しつつある．一方で，インターネット等の情報検索手段の普及により，比較的安易に学修すべき内容の一部を入手することが可能でありながらも，その実態は断片的，表層的な理解にとどまってしまい，本人の資質を十分に開花させるきっかけにはなりにくい事例が多くみられる．このような状況で，「適切な教科書」，適切な内容と適切な分量の「読み通せる教科書」が実は渇望されている．学修の志を立て，学問体系のひとつひとつを反芻しながら咀嚼し学術の基礎体力を形成する過程で，教科書の果たす役割はきわめて大きい．

例えば，それまでは部分的に理解が困難であった概念なども適切な教科書に出会うことによって，目から鱗が落ちるがごとく，急速に全体像を把握することが可能になることが多い．化学教科の中にあるそのような，多くの「要点」を発見，理解することを目的とするのが，本シリーズである．大学教育の現状を踏まえて，「化学を将来専門とする学部学生」を対象に学部教育と大学院教育の連結を踏まえ，徹底的な基礎概念の修得を目指した新しい『化学の要点シリーズ』を刊行する．なお，ここで言う「要点」とは，化学の中で最も重要な概念を指すというよりも，上述のような学修する際の「要点」を意味している．

本シリーズの特徴を下記に示す．

1）科目ごとに，修得のポイントとなる重要な項目・概念などをわかりやすく記述する．
2）「要点」を網羅するのではなく，理解に焦点を当てた記述をする．
3）「内容は高く」，「表現はできるだけやさしく」をモットーとする．
4）高校で必ずしも数式の取り扱いが得意ではなかった学生にも，基本概念の修得が可能となるよう，数式をできるだけ使用せずに解説する．
5）理解を補う「専門用語，具体例，関連する最先端の研究事例」などをコラムで解説し，第一線の研究者群が執筆にあたる．
6）視覚的に理解しやすい図，イラストなどをなるべく多く挿入する．

本シリーズが，読者にとって有意義な教科書となることを期待している．

はじめに

色素増感は1873年にVogelが写真乾板を用いて発見した現象である．写真乾板は，ハロゲン化銀（AgX）粒子が光の吸収で発生させた光電子を銀イオンと反応させて銀のクラスターを形成することにより光の像を撮る（撮像する）ものであり，撮像は紫外から可視域の青色までに限られていた．色素増感はAgX粒子上の色素が光を吸収し励起された電子をAgX粒子へ注入して撮像するものであり，色素を変えることにより可視全域から近赤外の光で撮像することを可能とし，とくにカラーフィルムにとって必須の技術となった．

このように色素増感は光誘起電子移動という基本的な現象であり，関連する分野を刺激して新たな材料を生み出すこととなった．色素増感は種々の光機能性材料で研究され，半導体電極を経て光触媒，色素増感太陽電池（DSC），ペロブスカイト太陽電池（PSC）などの興味深い材料を生み出していった．色素増感からの展開は筆者に近いところで起こった．筆者が写真化学の菊池研究室で色素増感の研究を立ち上げたのは1963年であり，本多先輩に共同研究をお願いし軌道に乗せた．1966年には本多研に大学院生として加わった藤嶋後輩がAgX電極を用いて色素増感の研究に取り掛かり，AgXを二酸化チタン（TiO_2）に置き換えて本多・藤嶋効果を発見し光触媒へと展開した．色素増感は光触媒の感光波長域の長波長化に寄与することは叶わなかったが，Graetzelはルテニウム（Ru）錯体色素と多孔TiO_2膜をそれぞれ増感色素と基板に用いてDSCを開発し，宮坂後輩はRu錯体色素をペロブスカイト化合物に置き換えてPSCを開発した．

色素増感の魅力は，それが電子移動をはじめ，光吸収，電子構造，電荷の分離と移動などに立脚した学問的に興味深い現象であるとともに，感光波長領域を感光母体の束縛から解き放して多岐にわたる増感色素に委ねることによりカラーフィルムをはじめとする写真感光材料の実用的な成功に貢献し，今後さらに実用的に価値がある材料を生み出すポテンシャルを有していることである．

本書ではまず色素増感に関わる光機能性材料としてカラーフィルム，光触媒，DSC および PSC の概要を解説する．次いで増感色素などの吸収スペクトル，増感色素の基板への吸着，増感色素/基板界面の電子構造および色素増感の機構と性能について，上記の光機能性材料を横断して比較し解説する．これらの解説が色素増感の学問的な理解を深めるとともに，異なる光機能性材料間での類似点や相違点の分析からそれらの性能向上の指針がもたらされることを期待する．

目　次

コラム目次

第1章
色素増感の役割と光機能性材料への展開

光化学は光と物質の関わりを取り扱う興味深い学問領域であり [1]，数々の有用な光機能性材料を生み出してきた．光化学にはそのような多くの光機能性材料に関わり支える基本的な現象があり，その一つが色素増感（dye sensitization）である．色素増感は1873年にVogelにより銀塩写真感光材料（以下銀塩感材とよぶ）の研究の過程で見出された現象であり［2］，その後の銀塩感材で広く用いられ，とくに銀塩感材を牽引したカラーフィルムには欠かすことができない技術となった［3–6］（コラム1参照）．一方で，色素増感は現在多くの研究者の関心を集めている新しい光機能性材料である光触媒［7］，色素増感太陽電池（dye-sensitized solar cell：DSC）［8］，さらにはペロブスカイト太陽電池（perovskite solar cell：PSC）［9］へと展開された．本章では銀塩感材の技術内容とそのなかで色素増感の役割を解説するとともに，上記の光機能性材料への展開とそれらの技術内容を紹介し，本書の構成とねらいを述べる．

1.1 銀塩感材における色素増感の役割

銀塩感材は写真乳剤が支持体に塗布されたものであり，写真乳剤はハロゲン化銀（AgX）粒子がゼラチンに懸濁されたものである［3–6］．写真感光過程は，AgX粒子の光化学反応がひき起こす現象として見出されたものであるが [3–6]，多くの銀塩感材では写真感光過程に対して色素増感をひき起こす物質（増感色素）がAgX粒子表面に吸着されていて，増感色素の光吸収でAgX粒子が上記の光化学反応をひき起こす．このように増感色素と接し，色素増感効果を受けるものを今後基板とよぶこととする．

AgX粒子のサイズは用途によりまちまちである [3]．銀塩感材を代表するカラーフィルムの高い感度を担う粒子が最も大きいものの一つであり，1 μm^3 前後の体積である．支持体にはフィルムベース，紙およびガラス板が用いられ，それぞれ写真フィルム，印画紙あるいは写真乾板とよばれる．写真乳剤に用いられるAgX粒子の組成は用途により異なり，溶解度が低く高い感度を安定的に実現しやすい臭化銀（AgBr），あるいは溶解度が高く迅速な写真処理（現像および定着）が可能な塩化銀（AgCl）を中心とし，他のAgXを固溶させることが多い．媒体は1871年にゼラチンが初めて用いられ，それ以来ゼラチンはいく多の天然および合成高分子の挑戦を退けて使われ続けている．ゼラチンはコラーゲンを構成する絡み合った3本鎖を解いたものであり，コラーゲンは動物の組織を形づくり守る最も優れた物質として長い年月の進化の過程を経て選択されてきたものである．

銀塩感材の基本は色素増感を施していない写真乳剤であり，色素増感発見以前の銀塩感材はもとより，現在でも医療用や原子核乾板などに用いられている [3–6]．図1.1にその感光過程を示す．この場合には，AgX粒子が直接光を吸収してその表面に銀（Ag）のクラスターを形成することにより被写体を画像として捕捉する．形成されたAgのクラスターは小さく（最小ではAg 4原子）電子顕微鏡でも観察できないので，このようにして捕捉された画像は潜像（Agのクラスターは潜像中心）とよばれている．潜像は露光された

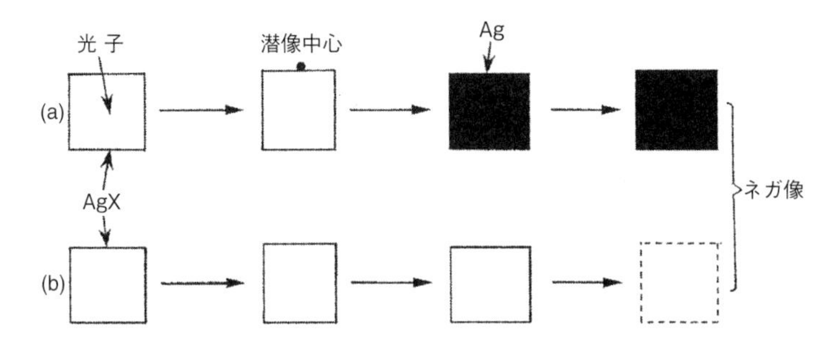

図 1.1　白黒のネガ像を形成する基本的な写真過程における AgX 粒子の挙動

ここで（a）と（b）はそれぞれ感光した粒子と感光しなかった粒子の挙動を示す.

銀塩感材を現像することにより可視化される．すなわち露光された銀塩感材が現像液（現像主薬とよばれる還元剤を溶解した水溶液）に浸されると，AgX 粒子上の潜像中心に現像主薬から電子が注入され，注入された電子は AgX 中の可動性銀イオン（室温の熱エネルギーで格子の一部の銀イオンが格子間に飛び出したもので，格子間銀イオンとよばれている）と結合し Ag 原子が形成される．この反応の繰返しで AgX 粒子は Ag 粒子となる．一方で，潜像中心が形成されなかった AgX 粒子は現像過程で還元されずに残される．残された AgX 粒子は定着過程で溶解除去され，Ag 粒子からなる画像が形成される．この場合には光が当たった部分は黒色となり，光が当たらなかった部分は透明（フィルムと乾板の場合）あるいは白色（印画紙の場合）となるネガ像を与える．このように銀塩感材は通常一度の露光と現像ではネガ像となるが，ポジ像（光が当たったところが白あるいは透明で光が当たらなかったところが黒となる像）は銀塩感材にネガ像を通して露光し現像定着することにより得るこ

コラム1

色素増感の発見

H. W. Vogel（図）は1873年に色素増感を発見した．1973年には発見後100年を祝うシンポジウムが“色素増感最初の100年”として盛大に開催された．出席者のほとんどは銀塩感材関係者であった．間もなく発見後150年を迎えようとしているが，色素増感に関する研究環境は様変わりしてしまった．

彼はドイツの科学専門誌［2］に掲載した論文で色素増感発見の経緯を詳しく披露している．冒頭で，撮影された写真像が異常なものとなっていることを憂い，それは写真乾板が紫外線に強く感光するが可視域になると感光度が弱くなり，臭化銀乾板の場合F線（水素の輝線で486.1 nm）までにしか感光しないためであると述べている．ところが彼が入手した臭化銀乾板を調べたところ，驚いたことにF線よりE線（水銀の輝線で546.7 nm）付近の感度のほうが高いことを見出した．そこで彼はこの乾板が緑色の光に感光するようになった原因を調べた．彼が用いた乾板は処方が公開されていなかったが，種々の化合物が添加されており，そのなかには黄色の色素があった．彼はそれに注目し，除去したときの写真感度の変化を調べるために乾板をアルコールと水で洗ったところ，緑色の光に対する感度が消失することを観測した．次いで臭化銀乾板に黄色感度を付与することを期待して黄色の光を吸収する色素コラリン（corallin；分子構造を図に示す）を添加した．その結果，黄色に強い感度が現れた．この結果からVogelは臭化銀乾板がコラリンの光の吸収で感光したと結論し，写真乾板に然るべき色素を添加することにより，その色素の吸収で写真乾板を感光させることができると考えた．

Vogelが色素増感を発見するまでにはいくつかの幸運があった．彼はボーイとして航海することを予定していたが急病で乗船できなかった．その船の乗務員は全員出航先で黄熱病によって死亡した．コラリンを用いたことも幸運であった．その後多くの人たちがこの現象を確認しようとしたが成功しなかった．当時は色素の純度が低く写真的に有害な不純物が含まれていることが多かったことに加えて，多くの色素のなかで色素増感能力をもつものはまれである．彼の報告には多くの批判が浴びせられたが，彼はこの現象の本質と重要性を認識し，信念をもって立ち向かった．Becquerel がクロロフィルを用いて色素増感を確認して Vogel の発見が広く認められるようになるまでに 10 年以上が経過した．

Herman Wilhelm Vogel
(1834～1898)

図　色素増感を発見した H. W. Vogel と彼が使った最初の増感色素コラリンの分子構造

【参考文献】

谷 忠昭，『化学の原典 4，光化学』，日本化学会 編，pp.69-82，学会出版センター（1986）．

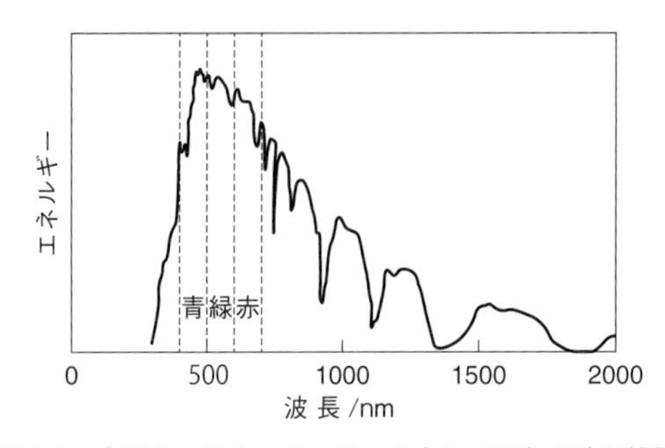

図 1.2　太陽光の分光エネルギー分布と三原色の波長範囲

とができる．

太陽光の分光強度は図 1.2 に示すように広い波長範囲にわたっている．そのなかで，ヒトの目に見える光は可視光とよばれ，おおよそ 400〜700 nm の範囲に限られている．可視光より波長が短い光を紫外光とよび，可視光より波長が長い光を赤外光とよぶ．AgX 粒子は紫外光および可視域の青色領域（400〜500 nm）の光を吸収して感光し写真撮影に与ることができるが，緑色領域（500〜600 nm），赤色領域（600〜700 nm）および赤外域の光を吸収し感光することはできない．色素増感は AgX 粒子に増感色素を吸着させ，増感色素の光吸収で AgX 粒子上に潜像中心を形成させる現象であり，これにより AgX 粒子の感光波長領域を長波長に拡げる技術である [3-6]．

色素増感の発見に先立つ 1861 年に Maxwell は三原色の原理，すなわち青，緑および赤の光の組合せですべての色を表現することができると提案し，実験で検討していた．彼は 3 台のプロジェクターで 3 色（青，緑および赤）のフィルターを通した光の強度を調整し，白色光を作り出せることを示した．彼はさらに上記のようにして強度を調整した色の光をAgのポジ像を通して投影することにより，カラーの写真像が映し出されることを初めて示した．色素増感により銀塩感材の感光波長領域が増感色素で制御できるようになったことは，銀塩感材を用いてカラーフィルムを作製することを可能にした [3-6]．かくして，多くの研究者の長年にわたる多様な研究の成果が実を結んでカラーフィルムが実現した．最初のカラーフィルムはEastman Kodak社が映画用（1935年）および一般写真フィルム用（1936年）として製造販売したものであった [6]．

現在のカラーネガフィルムの一例として，図1.3にその感光層の

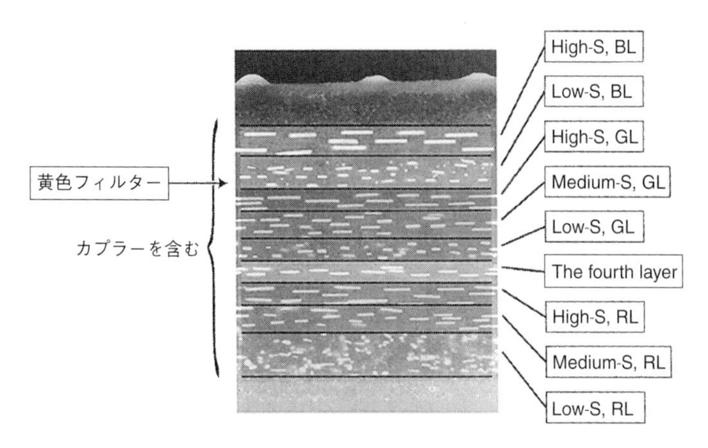

図1.3 カラーネガフィルムの感光層の断面の走査型電子顕微鏡写真
感光層は全体で ~20 μm の厚さを有し，~100 μm の厚さのフィルムベース（画面には写っていない）上に塗布されている．白い斑点はAgX粒子の断面であり，フィルムベース面に平行に並んだ棒状の斑点は平板粒子（図1.4）がフィルムベース面に平行に並んでいることを示している．感光層は上から青色（BL），緑色（GL）および赤色（RL）感光層群に大別され，それぞれの感光層群は高感度（High-S），中感度（Medium-S）および低感度層（Low-S）に分かれている．第4層（The fourth layer）は色の再現性の改良のために導入されている．

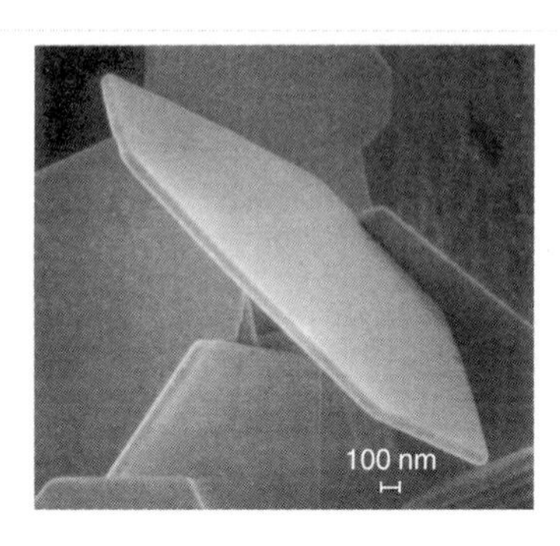

図 1.4　カラーフィルムの高感度層に用いられる高アスペクト比の平板 AgBrI 粒子の走査型電子顕微鏡写真［T. Tani, "Photographic Science", Oxford University Press (2011)］

断面の走査型電子顕微鏡写真を示す［5］．この感光層は全体で約 20 μm の厚さであり，約 100 μm の厚さのフィルムベースの上に塗布されている．図 1.3 の感光層は機能が異なる十数枚の層が重ねて同時に塗られたものである（コラム 2 参照）．基本的には上から青色，緑色および赤色感光層群からなり，それぞれの群は上から高感度層，中感度層および低感度層からなる．図 1.3 で粒状あるいは棒状の白い斑点に見えるものは AgX 粒子の断面であり，棒状のものは図 1.4 に示すような高アスペクト比（粒子の主平面の直径を厚さで割った値）の平板 AgX 粒子がフィルムベースに平行に配向した状態を示している．後述するように単分子層で吸着した増感色素が光を吸収するので，写真感度は AgX 粒子表面の増感色素の数，したがって粒子の表面積に比例する．そのために比表面積が大きい高アスペクト比の平板粒子が開発され，用いられることとなった．

青色，緑色および赤色感光層の AgX 粒子にはそれぞれ青色光，緑色光および赤色光を吸収する増感色素が吸着して，図 1.5 に示す

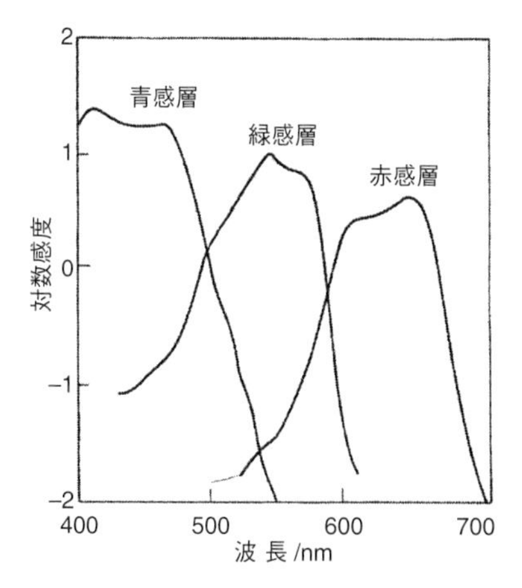

図 1.5 カラーネガフィルムの分光感度曲線
図中の青，緑および赤はそれぞれ青，緑および赤色感光層．

ような分光感度を与えている．青色感光層の感度には，AgX 粒子の光吸収による寄与が含まれているが，図 1.4 に見られるように多量の増感色素を吸着できる高アスペクト比の AgX 平板粒子が開発されるようになって，青感度への増感色素の寄与が支配的となった．一方，青色光が緑色感光層および赤色感光層に届くとこれらの層を感光させてしまうので，これを防ぐために青色感光層と緑色感光層の間に青色光を吸収するフィルターが塗布挿入されている．

増感色素を吸着した AgX 粒子の挙動と分光感度を図 1.6 に示す．AgX 粒子が光を吸収すると価電子帯の電子が伝導帯に遷移し，伝導帯と価電子帯にそれぞれ電子（伝導電子）と正孔が発生する．伝導電子は電子トラップ（しばしば感光核とよばれる）に捕獲され，それに格子間銀イオンが到着して結合し Ag 原子となる．これらの過程が 1 つの感光核で繰り返され，Ag_n（$n \geqq 4$；潜像中心）を形成

コラム 2

同時多層塗布

図1.3に示したカラーネガフィルムの感光層は全体で約20 μmの膜厚であり，その中に機能が異なる十数の層が積み重ねて塗布されている．これらの層すべてが同時に塗布される．このような同時多層塗布は1956年にRusselが発明したスライドコーター（slide coater）とよばれる塗布方法で可能になった．カラーフィルムは多層で構成されるが，1層ずつ塗布と乾燥を繰り返す遂次塗布は製造上大きな負荷となる．言い伝えによれば，事の起こりは当時の乳剤技術者が遂次塗布を回避するために青色，緑色および赤色に色素増感を施した乳剤を調製したのち混合して一度に塗布してカラーフィルムを製造することを目論んだが，いざ実験をしてみると3種類の乳剤はなかなか混ざり合わなかったという．Russelは乳剤技術者ではなかったが，それを覗き込んで興味をもち，それなら別々の層にして同時に塗布したらどうかと提案した．その後同時多層塗布は長年にわたり多くの研究者によって磨き上げられ，銀塩感材の製造技術のなかでAgX粒子の製造技術と並んで最も重要なものとなった．おもな特徴は以下のとおりである．

(1) カラーネガフィルムの感光層全体（図1.3の例では十数の層）を同時に塗布することができる技術である．このため，同時多層塗布とよばれる．
(2) カラーネガフィルムの感光層全体をきわめて大きい面積で同時に高速度に何日も続けて塗布することができ，大量生産向き製造装置の典型である．面積，速度，塗布時間などは公表されていないが，塗布速度は100 m min^{-1}以上であり，特許では600 m min^{-1}という数字も見られる．
(3) 塗布の精度や再現性は高く，各膜の厚さについては1%の精度を実現することができる．
(4) 図1.3に見られるように，平板粒子（図1.4）を塗布面に平行に配向させることができる．

実際の製造機は大規模なものであるが，大きさや性能は公表されていない．

実験用小型塗布機の主要部分の構造を図解した．これ以外に，塗布液を送り出すポンプやフィルムベースに塗布された膜を乾燥する装置などが付属するので，小型塗布機でも大がかりな装置となる．塗布液はポンプでマニホールドからスロットを通って送り出され，斜面を層流で流れ落ち，前のスロットからすでに流れ落ちてきていた塗布層の上に層流のまま乗り上げて多層膜を形成していく．このような積層によって各層固有の成分（増感色素を吸着したAgX粒子やカプラーなど）が層をまたいで混ざり合うことはないが，全層に共通の低分子成分は各層間を移動して行き渡る．何層も重なって斜面を流れ落ちてきた塗布液層は巻取りのフィルムベースに移し取られる．塗布液が流れ落ちる速度よりフィルムベース上に移し取る速度を速くすることにより，乳剤層中の異方性形状の物体（たとえば平板粒子）を塗布面に平行に配向させることができる．

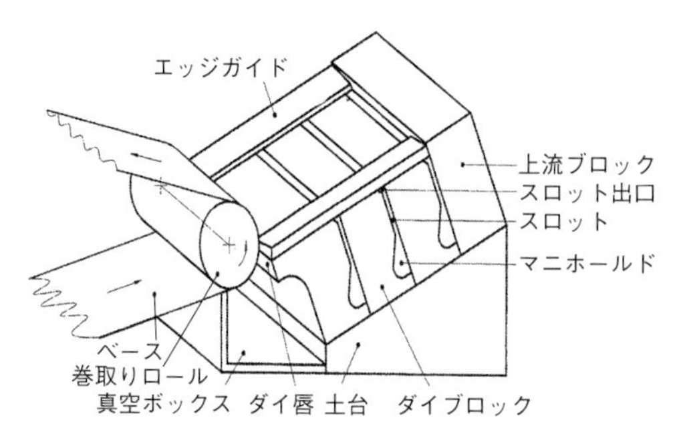

図　小型塗布機（スライドコーター）

【参考文献】

[1] T. A. Russell *et al.*, US Patent 2,761,417 (1956).

[2] J. Hens *et al.*, "Liquid Film Coating Scientific Principles and Their Technological Implications", Chapman and Hall (1977).

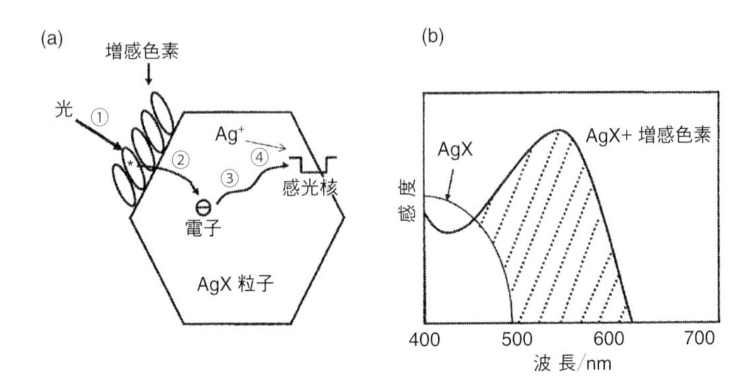

図 1.6　色素増感による潜像中心の形成過程（a）と AgX 粒子および色素増感を施した AgX 粒子からなる写真乳剤の分光感度曲線（b）

色素増感過程は，①光子による増感色素分子の励起，②励起色素から AgX 粒子の伝導帯への電子移動，③伝導電子の移動と感光核による捕獲，④格子間銀イオンと捕獲電子の結合による Ag 原子の形成（①～④の繰返しによる Ag_n（$n \geqq 4$）の形成）.（b）には増感色素が AgX 粒子の光吸収による感度を減少させる減感現象を表した.

することにより光の像を捕捉する．このようにして得られた分光感度が図 1.6(b) に‘AgX’と付したものである．AgX 粒子に吸着した増感色素が光を吸収すると色素分子中に発生した励起電子が AgX 粒子の伝導帯へ移動して伝導電子となる．このようにして色素増感で生成した伝導電子は AgX 粒子の光吸収で生成したものと同様の挙動を示す．増感色素の有無にかかわらず正孔は基本的には不可逆的に除去され，増感色素が光を吸収した場合には図(b) の‘AgX＋増感色素’を付した分光感度を与える．このような仕組みにより，図 1.3 の青，緑および赤色感光層にはそれぞれ青，緑および赤色光を吸収する増感色素が添加され，図 1.5 のような分光感度を有するカラーフィルムとなる．ただし，青色感光層の分光感度には AgX

粒子の感度も寄与している．

図 1.1 には AgX 粒子の光吸収で潜像中心が形成され，潜像中心が形成された AgX 粒子が現像液中の現像主薬によって還元され Ag 粒子となる白黒写真のネガ像の形成過程を図解した．カラー写真の場合には図 1.3 に示したように，上から青，緑および赤色の光を吸収する増感色素を吸着した AgX 粒子からなる層に大別され，それぞれの色の光による被写体の像を潜像として捉える．これらの潜像を現像すると現像主薬の酸化体が生成する．酸化体はあらかじめ各層に内蔵されているカプラーと反応して補色となる色素（青色感光層ではイェロー色素，緑色感光層ではマゼンタ色素，赤色感光層ではシアン色素）を形成する．ついで現像で生成した Ag 粒子と残された AgX 粒子を除去してカラーのネガ像が形成される．図 1.7 には現像でマゼンタ色素が形成される化学反応の一例を示す．

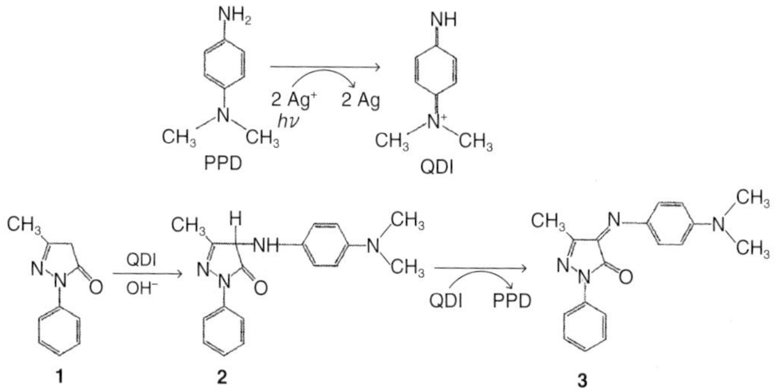

図 1.7　カラーフィルムにおける色素像形成のためのカップリング反応の一例

PPD は *p*–フェニレンジアミン誘導体の現像主薬，QDI はキノンジイミン，**1**，**2** および **3** はそれぞれマゼンタカプラー，ロイコ色素およびマゼンタ色素．

銀塩感材の本質は基板のAgX粒子の光電変換過程の応用であり，AgX粒子の光分解でAgクラスターが形成され，正孔は不可逆的に除去される．色素増感が発見されるまではこの反応はAgX粒子の吸収波長領域に限られたものであったが，色素増感はこの反応を増感色素の吸収波長でひき起こすことを可能にした．現像過程では潜像中心という小さいAgのクラスター（最小で4原子）を触媒にして～1 µmものAgX粒子をAg粒子あるいは相当量の色素に変換し，大きな増幅をもたらすのも大きな特徴である．

1.2　光触媒，色素増感太陽電池およびペロブスカイト太陽電池への展開

前節に記したように，色素増感は銀塩感材とくにカラーフィルムにおいてきわめて重要な役割を果たしたが，注目すべき点は増感色素から基板への光誘起電子移動という基本的な現象であり，増感色素や基板を変えることによりさまざまな新しい技術分野を生み出すポテンシャルを有していたことである．色素増感から新たに生み出された技術分野は光触媒［7］，DSC［8］およびPSC［9］などであり，現在多くの研究者の関心を集めている．銀塩感材の色素増感は有機分子の増感色素とAgX粒子という基板の組合せでひき起こされる現象である．これらの材料はそのままで新たな技術分野を生み出すには脆弱であった．色素増感の研究のなかでAgXに代わって二酸化チタン（TiO_2）という頑強な基板を得て光触媒が開発された［7］．TiO_2を多孔膜とし，ルテニウム（Ru）錯体色素を増感色素として選択しDSCが開発された［8］．さらに，Ru錯体色素をペロブスカイト化合物に置き換えてPSCが開発された［9］．これらの技術開発の経緯をコラム3に記した．

銀塩感材の色素増感のモデルとして増感色素を吸着したAgX結晶を電極として用いて行われた藤嶋と本多の電気化学的実験において，脆弱なAgXをTiO_2に置き換え対極に白金（Pt）を用いた基本過程の実験から光触媒の分野が開発された［7］．低い電圧（0.5 V）の印加で水に接したTiO_2の光吸収で生成する正孔が水を酸化して酸素分子を発生させ，Pt電極へと移動した伝導電子が水を還元して水素分子を発生させる現象であり，光を化学的エネルギーに変換する新たな方法の提案であると同時に光合成のモデルともなる画期的な現象であった．太陽光による水の光分解は効率が低いために実用化されていないが，TiO_2の光吸収がもたらす強い酸化力で有害物質を破壊除去する環境浄化の技術として実用化されている．AgXは光を吸収して自身が効率よく分解すること（Agのクラスターの形成と正孔の除去）により写真現象をもたらすが，TiO_2は光を化学エネルギーに変換し続けながら自身は分解することなく触媒として電子と正孔を活用して水を光分解し続けるのが特徴であり，銀塩感材との大きな相違点である．図1.2の太陽光のスペクトルに対してTiO_2の吸収スペクトルは紫外域に限られるためTiO_2自身による水の光分解の効率は低く，効率が求められるエネルギー変換，すなわち光エネルギーの化学エネルギーへの変換（水の光分解）は実用化に至っていない．しかしながら，光電変換で不要な物質を分解除去する環境浄化の技術は実用化され，多方面で検討が進んでいる．光触媒反応が機能する波長領域を長波長に拡げることは大きな課題であり，色素増感を適用することが検討されたが成功しなかった．光照射下で長時間繰り返し化学反応をひき起こす状況で増感色素を用いることはできなかった．

AgXに代わって耐久性が高いTiO_2基板と化学反応を必要としない系を組み合わせ，1990年代にGraetzelらはRu錯体色素と多孔

質 TiO_2 層を用いた色素増感太陽電池（DSC）を開発した [8]．太陽光のエネルギーに対して電気的エネルギーに変換できた割合を表すエネルギー変換効率（power conversion efficiency：PCE）は 12% を超えている．図 1.8 にその構造と仕組みを図解する．光は Ru 錯体色素によって吸収され，色素内で占有準位から非占準位へ励起された電子は TiO_2 の伝導帯へ移動し，多孔 TiO_2 層内を移動して陰極により取り出される．正孔は Ru 錯体色素の占有準位に発生し，電解質溶液中の酸化還元メディエーターを経て陽極により取り出される．Ru 錯体色素は TiO_2 とは異なり可視域から近赤外域に及ぶ広い波長域の光を吸収するので図 1.2 に示した太陽光の捕捉には適しているが，吸収係数が小さい．色素が太陽光を十分に吸収できるよ

コラム 3

色素増感からの技術の湧出

カラーフィルムの産業は国内では 1960 年代に生産量が立ち上がりを見せ，その後大きく成長して前世紀末にピークを迎えた．1960 年代にはまた色素増感の新しい展開も芽吹いていた．筆者は日本でカラーフィルムの生産量が目立つようになったころの 1963 年に大学院生として東京大学生産技術研究所の菊池研究室に入り，AgX の吸収波長を計算する研究テーマをいただいた．それは AgX の固体物性が中心となる課題で研究室も自分自身も足場をもっていなかったので，研究対象の AgX を増感色素に切り替え，研究室では初めてとなる色素増感の研究に舵を切った．増感色素の電子エネルギー準位に対応する観測値として電気化学的手法に基づく還元電位と酸化電位を選び，本多健一助教授（当時）に共同研究を要請し色素増感の研究は軌道に乗った．

1966 年に藤嶋 昭を大学院の新入生として迎えた本多は，色素増感の研究を

うにするためには，多くの色素分子が吸着できる表面積の大きい TiO_2 層が必要である．さらに TiO_2 は増感色素から受け取った電子を陰極に届けなければならないので，粒子間を伝導電子が移動できなければならない．このような理由で，DSC では TiO_2 超微粒子（～20 nm）を焼結した多孔 TiO_2 層を用いることとなった．

DSC は増感色素の光吸収による光電変換過程の応用であり，多数の増感色素分子を吸着するための基板が必要である点では銀塩感材と共通であった．しかしながら多量の色素を吸着させるための大面積の基板を確保する方法と，光照射により基板が分解することなく電子と正孔を生み続け，光エネルギーを電気エネルギーに変換し続ける点が相違している．また，正孔は銀塩感材では不要なものと

AgBr 電極を用いて電気化学的に進めることとした．藤嶋は不安定な AgBr に手を焼き，AgBr 電極の代わりに半導体電極を用いることを考えた．当時 Gerischer らによりすでに用いられていた酸化亜鉛（ZnO）などの半導体電極は光可溶化などをひき起こして不安定であったが，彼らが用いた TiO_2 電極は光照射下でも安定であり，本多・藤嶋効果の発見から光触媒へと展開させた．本多-藤嶋効果は TiO_2 の光電変換過程の応用である点は銀塩写真と共通であり，TiO_2 などの半導体電極を用いた色素増感の研究もなされたが，光触媒効果の長波長化には寄与しなかった．光照射下で化学反応をひき起こし続ける状況では安定な色素を見出しえなかったためと考えられる．Graetzel らは光照射下で安定な TiO_2 を引き継ぎ，多孔膜として大表面積化を図るとともに Ru 錯体色素を用い太陽光を電気エネルギーとして取り出す DSC を開発した．DSC を研究していた宮坂 力は Ru 錯体色素をペロブスカイト化合物（$CH_3NH_3PbI_3$）に置き換えることにより PSC を開発した．

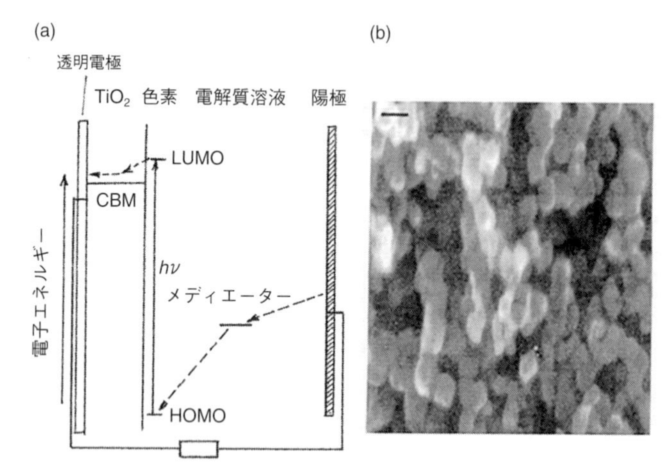

図 1.8　色素増感太陽電池の仕組み（a）と多孔 TiO_2 層の走査型電子顕微鏡写真（b）

色素の光吸収で LUMO へ励起された電子は TiO_2 の伝導帯を通って陰極（透明電極）へ到達し，色素に残った正孔は電解質溶液の酸化還元メディエーターを介して陽極に到達する．図中の破線の矢印は電子の流れを示す．(b) の左上の横棒の長さは 20 nm.

して除去されたが，DSC では取り出して活用しなければならない．TiO_2 上の Ru 錯体色素は分子状態の単分子層であり，正孔は色素層中を速やかに移動することはできないので，電解質溶液中の酸化還元メディエーターを介して正孔を陽極に取り出す仕組みが必要となった．

DSC を研究していた宮坂は Ru 錯体色素をペロブスカイト化合物に置き換えて 2006 年に PSC を開発した [9]．PCE は 3% 強から始まり短期間で急速な上昇を示し，本書を執筆中にも上昇を続け 24% を超えるまでになった．PSC の構造を図 1.9 に図解する．増感色素に相当するペロブスカイト化合物の光吸収による光電変換過

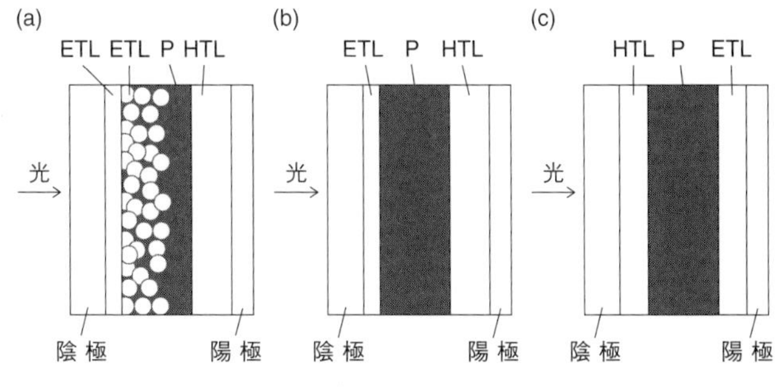

図 1.9　ペロブスカイト太陽電池の構造

(a) P が ETL に侵入しているナノ構造型, (b) 平面ヘテロ接合型および (c) 逆構造型. P, ETL および HTL はそれぞれペロブスカイト化合物層, 電子輸送層および正孔輸送層.

程を応用している点では銀塩感材や DSC と共通であり，正孔を活用する点では DSC と共通である．しかしながら，単分子層の増感色素と異なりペロブスカイト化合物の電子構造は実質的に無機の半導体であり，その中では電子と正孔は室温で容易に解離し，それらの移動距離はそのままペロブスカイト化合物層を通って電極に到達できるほど長いことが判明した．銀塩感材と DSC では増感色素の単分子層が用いられるため光を十分に捕捉するには大きな表面積の基板を必要としたが，ペロブスカイト化合物層は半導体であるため光を十分に吸収することができるほど厚く（数百 nm）して用いることが可能である．また正孔を取り出すための酸化還元メディエーターを含む電解質溶液も必要なくなった．PSC の始まりは DSC であり，その構造は多孔 TiO_2 層を用いるナノ構造型であったが，孔内を埋めているのは酸化還元メディエーターを含む電解質溶液ではなくペロブスカイト化合物である．さらには緻密 TiO_2 層を用いた平面ヘテロ構造型や逆構造型でも高性能を示すことがわかってきた．ペロブスカイト化合物中に光吸収で発生する励起子の結合エネルギーは小さいので，室温で速やかに伝導電子と正孔に解離する．ドーピングを行うのは難しくp–n接合の形成は実現していない．ヘテロ接合はTiO_2と$CH_3NH_3PbI_3$の界面で形成されるショットキー（Schottky）接合である．

1.3　本章のまとめ

1.1節と1.2節でカラーフィルムに代表される銀塩感材と，色素増感を介してそこから展開された光機能性材料の開発の経緯と共通点および相違点を解説した．その一部を表1.1にまとめる．一方，色素増感を理解するにはいくつかの側面から分析して，それらの結果を総合する必要がある．

以降の章では増感色素，基板，増感色素のエネルギー準位および

表1.1　色素増感の展開

システム	基　板	増感剤	備　考
カラーフィルム（1935）	高アスペクト比AgX平板粒子	狭波長域強吸収増感色素	色素の光吸収→光電変換→AgXの光分解（Ag_n生成，正孔除去）
光触媒（1971）	光照射下で安定なTiO_2膜		TiO_2の光吸収→光電変換→水の光分解，不要物質の分解除去
色素増感太陽電池（1991）	安定で大面積な多孔TiO_2膜	広波長域吸収Ru錯体色素	色素の光吸収→電気的エネルギーの取出し
ペロブスカイト太陽電池（2006）	安定なTiO_2膜	ペロブスカイト化合物（PVC）	PVCの光吸収→光電変換→電気エネルギーの取出し

色素増感の機構と性能の側面から解説し，各側面について銀塩感材の色素増感とそこから展開した光機能性材料にわたって比較分析する．このようにして色素増感の拡がりと深さの理解を助けるとともに，新しい光機能性材料の今後の発展の参考資料となることを意図している．

第2章

増感色素

2.1　増感色素の構造と光吸収スペクトル

銀塩感材の増感色素の開発の歴史は長く，多種多様の色素が検討された [6]．色素増感による銀塩感材の感光波長領域の長波長化の経緯は以下のとおりである．銀塩感材の感光波長範囲は，1883 年の Vogel の色素増感の発見 [2] 以前では AgX 粒子の感光波長範囲（約 500 nm まで）で可視域（400〜700 nm）の一部にすぎなかったが，Vogel の発見で約 600 nm に伸びた．その後 1904 年には Homolka のピナシアノールの発見により 700 nm に伸び，1919 年には Adams と Haller によるクリプトシアニンの発見により 800 nm に，1925 年には Clarke のネオシアニンの発見により 900 nm に，1931 年には Brooker のキセノシアニンの発見で 1100 nm，1937 年には Dieterle と Riester の直鎖ペンタカルボシアニンで 1200 nm を超える光を撮影する写真の世界が幕を開け，1952 年には Heseltine が鎖を安定化したペンタカルボシアニンで 1300 nm を超える領域へと展開した [6]．

銀塩感材用の増感色素の必要な要件は，図 1.2 および図 1.5 に示したような狭い波長範囲で強く光を吸収すること，励起された電子が AgX の伝導帯へ移動できるほど LUMO が高いこと，および分子が高密度で吸着できるように小さくまとまり空間的に無駄がない π

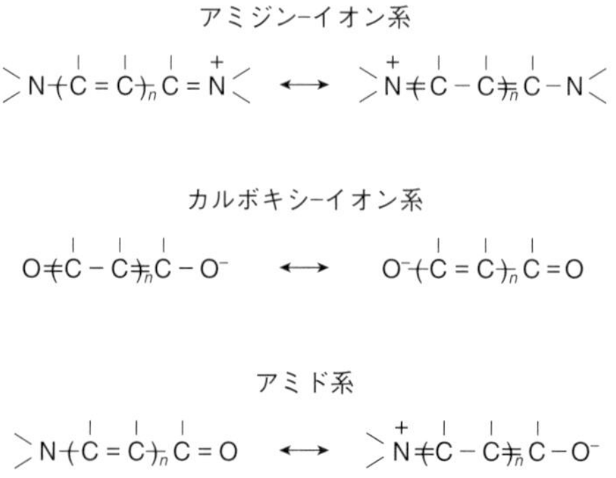

アミジン-イオン系

$$>N{\leftarrow}\!(\overset{|}{C}=\overset{|}{C})_n\overset{|}{C}=\overset{+}{N}< \;\longleftrightarrow\; >\overset{+}{N}{=}(\overset{|}{C}-\overset{|}{C}{=})_n\overset{|}{C}-N<$$

カルボキシ-イオン系

$$O{=}(\overset{|}{C}-\overset{|}{C}{=})_n\overset{|}{C}-O^- \;\longleftrightarrow\; O^-(\overset{|}{C}=\overset{|}{C})_n\overset{|}{C}=O$$

アミド系

$$>N(\overset{|}{C}=\overset{|}{C})_n\overset{|}{C}=O \;\longleftrightarrow\; >\overset{+}{N}{=}(\overset{|}{C}-\overset{|}{C}{=})_n\overset{|}{C}-O^-$$

図 2.1　銀塩感材の増感色素の基本構造となるメチン鎖

電子共役系であることである．その結果，図 2.1 に示す奇数個のメチン鎖で末端がNあるいはOのπ電子共役系を骨格とする色素に絞られた [6]．最も多く用いられた増感色素であるシアニン色素は両端がNであり，その吸収スペクトルを図 2.2 に示す．次に多く用いられた増感色素は末端がNとOのメロシアニン色素である．両端がOの増感色素にはオキソノール色素があり，Vogel が最初に用いたコラリンもこれに属するが，現在では実用的には用いられていない．

このように増感色素の電子構造はπ電子共役系であるので，分子軌道理論に基づいて表される．すなわち，色素の電子構造は共役するπ電子が構成する分子軌道からなり，エネルギー準位が低い分子軌道から2個ずつの電子で占められる．これらのなかでとくに重要な役割を果たすのは，電子で占められた最もエネルギー準位が高い軌道と電子に占められていない最もエネルギー準位の低い軌道であり，それぞれ最高被占分子軌道（the highest occupied molecular

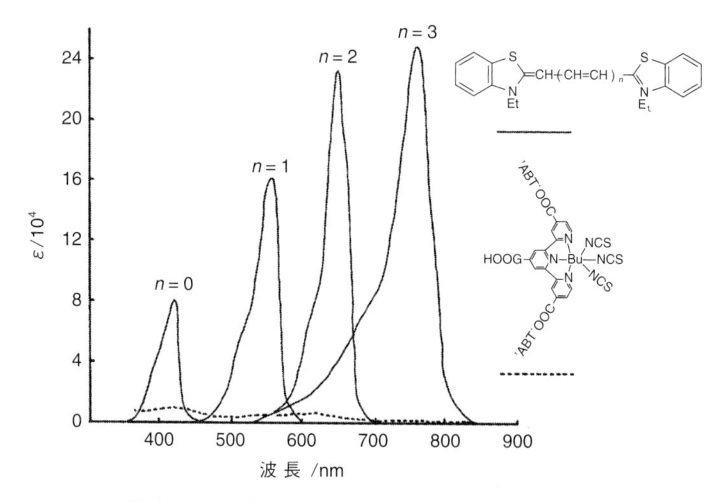

図 2.2　銀塩感材用の基本的な増感色素であるチアシアニン色素群溶液の光吸収スペクトルのメチン鎖長依存性と色素増感太陽電池用増感色素である Ru 錯体色素溶液の吸収スペクトル［T. Tani, "Photographic Science", Oxford University Press (2011)］

縦軸の ε はモル吸光係数であり，1 mol L^{-1} の溶液の吸光度である．

orbital：HOMO）および最低非占分子軌道（the lowest unoccupied molecular orbital：LUMO）とよばれる．増感色素の光吸収は HOMO から LUMO への電子遷移，すなわち π–π^* 遷移をひき起こす．一般に π–π^*遷移のモル吸光係数は 10^4～10^5（mol L^{-1}）$^{-1}$ cm^{-1} と大きいが，図 2.2 に見られるようにシアニン色素のモル吸光係数はとくに大きい．また，HOMO–LUMO 遷移の吸収帯の近くにはそれより高エネルギーの遷移の吸収帯は見当たらない．したがって，特定の狭い波長範囲でのみ強く光を吸収する．さらには，吸収波長をわずかな分子構造の調整で大きく変えることができ，図 2.2 において

コラム4

シアニン色素の基本的な構造と名称および分子軌道

銀塩感材の増感色素のほとんどはシアニン色素である．図2.2にはメチン基の数が異なるチアシアニン色素群の分子構造と光吸収スペクトルを示した．シアニン色素はわずかに分子構造を変えることにより多数の多様な色素群を形成する．たとえば異節原子の−S−を−O−，−Se−および−CH=CH−に置き換えると，オキサシアニン色素群，セレナシアニン色素群およびキノシアニン色素群となる．−S−の場合で n が0（モノメチン），1（トリメチン），2および3の色素をチアシアニン色素，チアカルボシアニン色素，チアジカルボシアニン色素およびチアトリカルボシアニン色素とよぶ．他の色素群も同様である．カラーフィルムに用いられるのは，可視域に吸収帯をもつモノメチン色素とトリメチン色素である．このほかに，ベンゼン環やメチン鎖（とくに中央）に置換基を導入してJ会合体の形成能を高めたり吸収波長の調整を行う．Nへの置換基を水溶性のもの（アルキルスルホン酸など）にすることによって，カプラーを溶解する油滴に溶解しないようにすることがカラーフィルムにとって重要であった．

基本構造を有する3,3′-ジエチルチアカルボシアニン色素の構造を図1に示す．π 電子共役系は上下2つの限界構造式の間で共鳴している．増感色素は σ 結合からなる骨組みに π 電子の共役系が拡がり，隣接する原子どうしの π 軌道の重なりを最大化し合うことにより，共役系はおおむね平面となっている．ヒュッケル（Hückel）近似の分子軌道法（HMO法）によれば，共役系に関与する原子iの原子軌道の波動関数を ϕ_i とすると，それらによって構成される π 電子共役系，すなわち分子軌道の波動関数 Φ はそれらの一次結合で表される．

$$\Phi = \sum C_i \phi_i$$

ここで C_i は ϕ_i の寄与率であり，C_i^2 はi位の原子上の π 電子の密度に比例する．分子軌道の電子エネルギー準位は次式で与えられ，

$$\varepsilon = \frac{\int \Phi H \Phi \, \mathrm{d}\tau}{\int \Phi \Phi \, \mathrm{d}\tau}$$

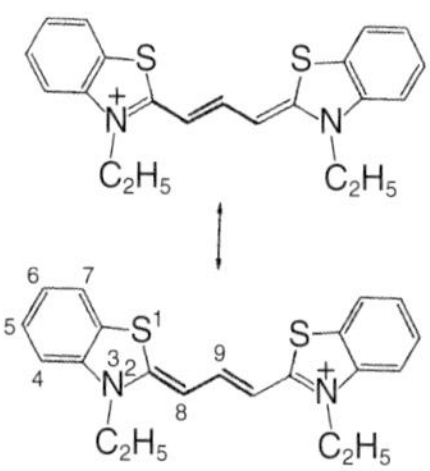

図１ チアカルボシアニン色素の共鳴構造

図中の番号は色素分子に置換基を導入した場合の位置を示す.

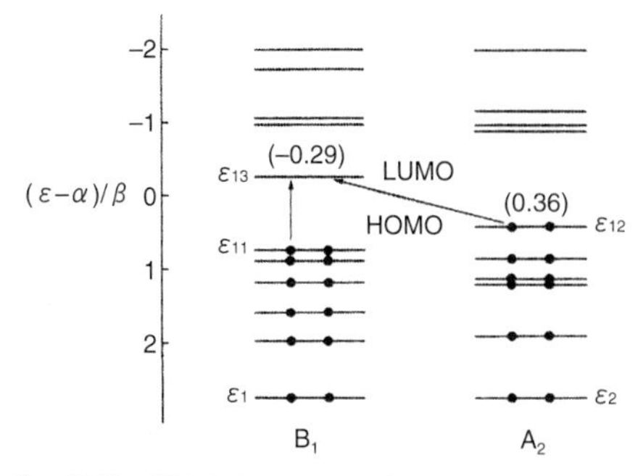

図２ HMO 法の計算で得られたチアカルボシアニン色素の分子軌道（ε）と電子エネルギー準位

ここで α と β はそれぞれ HMO 法におけるクーロン積分（ハミルトニアン行列の対角要素）と共鳴積分（同非対角要素）のパラメーターであり，図中の -0.29 と 0.36 はそれぞれ $\alpha-0.29\beta$ と $\alpha+0.36\beta$ を意味する．A_2 と B_1 は対称性の指標であり，それぞれ左右反対称と対称の状態を示す．ε_{12} と ε_{13} はそれぞれ HOMO と LUMO であり，HOMO から LUMO への電子遷移は最小エネルギー（最長波長）の吸収帯でメチン鎖の長軸方向に双極子を誘起する．次にエネルギーが大きい（波長が短い）遷移は ε_{11} から ε_{13} への遷移で，メチン鎖に垂直方向に双極子を誘起する．

次式の永年方程式を解いて求めることができる.

$$\frac{\delta\varepsilon}{\delta C_i}=0$$

得られた分子軌道の電子エネルギー準位を図2に示す. ここでαとβはそれぞれ炭素原子上でのクーロン（Coulomb）積分と共鳴積分である. この色素の場合には21個の原子軌道からの24個の電子がπ電子共役系に寄与し, これらの電子は形成された21個の分子軌道をその電子エネルギー準位が低い軌道から順に2個ずつ占めていくことになる. 図に見られるように, 12番目の軌道（ε_{12}）までが2個の電子で占められ, 13番目の軌道（ε_{13}）から上の軌道は空となった. ε_{12}とε_{13}がそれぞれ最高被占分子軌道（HOMO）と最低非占分子軌道（LUMO）となり, 色素増感で重要な役割を果たす. 図3はHOMOとLUMOのC_iを半径とする円をiの上に描いたものであり, 円の面積（$\propto C_i^2$）をiの位置でのπ電子の密度とする分子軌道の電子雲の描写となっている.

もメチン鎖を長くするごとに吸収波長が大幅に長くなる様子を見ることができる. これらの特徴は, 青色（400～500 nm）, 緑色（500～600 nm）および赤色（600～700 nm）の領域で光を強く吸収することが求められるカラーフィルム用の増感色素にはとくに有用である. 銀塩感材の増感色素のほとんどはシアニン色素であり, その電子構造は分子軌道で取扱い表現することができるので, コラム4にその一例を示した.

図1.2に見られるように太陽光は広い波長範囲にわたっているので, DSCの増感色素には銀塩感材の増感色素のような吸収が狭い波長範囲に限られた色素は不向きであり, 逆に吸収が広い波長範囲にわたる色素が好ましい. 図2.2にはDSCの増感色素に適したRu錯体色素の分子構造と吸収スペクトルも示した（破線）[5]. 色素

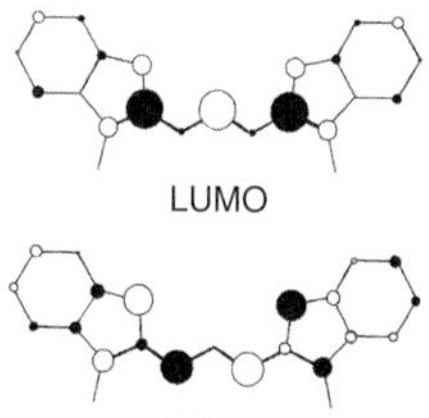

LUMO

HOMO

図3　HMO 法の計算で得られたチアカルボシアニン色素の HOMO と LUMO の波動関数の電子分布

円の半径は C_i に比例し，円の面積 C_i^2 すなわち原子 i 上の電子密度に比例する．

が吸収する光の波長領域は広いが，領域内の波長ごとの吸収係数はシアニン色素に比べるとかなり小さいものとなっている．そのため，DSC では色素により太陽光を十分に吸収できるようにするために比表面積が大きい多孔質の TiO_2 に色素を吸着させ，さらに TiO_2 層を厚く（～10 μm）している [8]．シアニン色素の吸収帯は単純な構造の π 電子共役系の HOMO–LUMO 遷移であるため，付近に他の吸収帯は存在しないが，Ru 錯体色素は 6 方向からのリガンドの配位による複数のエネルギーが異なる電荷移動である MLCT（metal-to-ligand charge transfer）あるいは LMCT（ligand-to-metal charge transfer）によって構成されており [10, 11]，これらの遷移に由来する吸収帯が波長をずらして並んだため，光吸収が広い波長範囲に拡がることとなった．通常 π–π* 遷移のモル吸光係数は

10^4〜10^5 $(\mathrm{mol\ L^{-1}})^{-1}\ \mathrm{cm^{-1}}$ であるのに対してMLCTあるいはLMCTは1桁小さい（10^3〜10^4）．一方Ru錯体色素の吸収は，吸収係数が小さく遷移エネルギーが異なる複数の吸収体が広い波長範囲に分布するものとなっている．

図2.3はペロブスカイト化合物 $CH_3NH_3PbI_3$ の吸収スペクトルを無機半導体を代表するケイ素（Si）およびヒ化ガリウム（GaAs）

コラム5

増感色素の吸収スペクトルの測定

色素増感過程を分析するうえで種々の状態におかれた増感色素の光吸収スペクトルを正しく測定することは重要である．溶液中に溶解された色素の光吸収スペクトルは，常法に従い測定に適した濃度の色素溶液を調製して分光器により透過スペクトルを測定し，ランベルト・ベール（Lambert-Beer）の法則に従って吸収スペクトルを得る．

色素単結晶は厚くて光を透過しないので透過スペクトルの測定はできない．そこで単結晶の反射スペクトルを測定し，クラマース・クローニヒ（Kramers-Kronig：K-K）の関係式を用いて色素の吸収スペクトルを得る．色素単結晶では結晶中で色素分子がJ会合体の構造を取るものがあり，図(b)に示すように鋭いJバンドを示す．これは色素分子数が無限大のJ会合体の吸収スペクトル（Jバンド）と考えられる．

銀塩感材の色素増感の分析にはAgX粒子に吸着した増感色素の吸収スペクトルが重要である．色素は写真乳剤中でゼラチンに懸濁されたAgX粒子に吸着されており，乳剤膜中に入射した光は色素や粒子に吸収されるか粒子によって散乱される．したがって透過スペクトルを測定することも，反射率にK-K変換を適用することもできない．このように光を散乱する系のなかに存在する色素の吸収スペクトルは，散乱で光が透過できない厚さの乳剤層の拡散反射スと比較して示したものである［12］．光吸収は立ち上がりから高エネルギー側の光を連続的に強く吸収している．これは分子状の化合物の吸収スペクトルではなく半導体のものであり，光吸収は価電子帯から伝導帯への遷移であることを示している．ここでSiでは吸収が緩やかに立ち上がる間接遷移である．これに対して，GaAsとともに$CH_3NH_3PbI_3$では吸収が急峻に立ち上がる直接遷移である．

ペクトルを測定し，Kubelka-Munkの式を用いて吸収スペクトルを得ることができる．

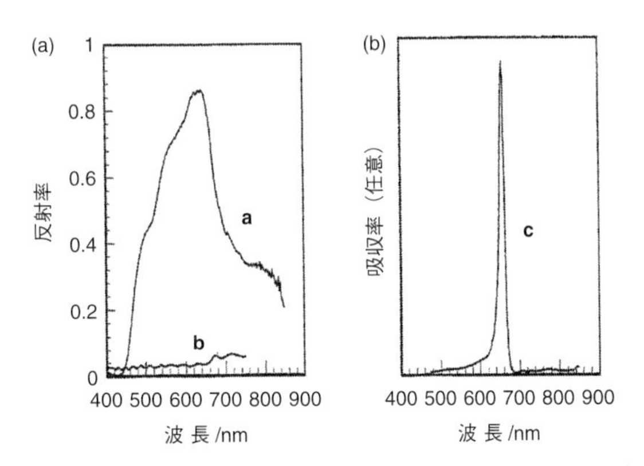

図　3,3′-ジエチル-5,5′-ジクロロ-9-エチルチアカルボシアニンの単結晶の反射スペクトルの測定結果（a）とこれにK-Kの関係式を適用して求めた吸収スペクトル**c**(b)

aと**b**はそれぞれ分子の長軸方向に平行および垂直に入射した場合の反射スペクトル．

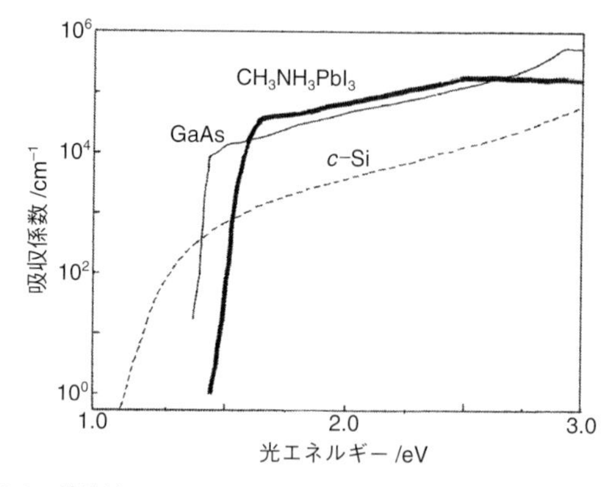

図 2.3　結晶性 Si，GaAs および $CH_3NH_3PbI_3$ の光吸収スペクトル
縦軸は 1 cm の試料の吸光度を表す.

太陽電池のエネルギー変換効率を高くするには第一に太陽光を強く吸収することが重要であり，直接遷移の半導体はこの観点から太陽電池に適している．直接遷移と間接遷移についてはコラム 6 を参照されたい．ペロブスカイト化合物は価電子帯も伝導帯も鉛（Pb）の軌道（それぞれ 6s および 6p）からなり［12］，広いエネルギー領域にわたって無数の電子エネルギー準位で構成されているので，吸収端から短波長側にかけて強い吸収が続くこととなる．

$CH_3NH_3PbI_3$ の結晶構造は図 2.4 に図解するように二ヨウ化鉛（PbI_2）の結晶構造中に有機カチオンが割り込んだ状態になっている［13］．PbI_2 自身のバンドギャップは広く，光吸収端の波長は有機カチオンが割り込むことにより格子定数が拡がり結合角が変化してバンドギャップが狭くなり，光吸収端の波長が長くなって太陽電池に適したものとなった．ただし，バンドギャップが狭くなるとともに伝導帯の底（第 4 章参照）が−4.0 eV まで低くなっ

図 2.4　ペロブスカイト化合物 $CH_3NH_3MX_3$ の単位胞の構造
中央の有機カチオンを 8 つの八面体が囲み，各八面体の頂点と中心をそれぞれハロゲン化物イオン（X^-）と金属イオン（M^{2+}）が占める．矢印は有機カチオンの回転の様子を示す．

た．AgX の伝導帯の底はそれよりも高い（−3.5 eV）[4, 5] ので，$CH_3NH_3PbI_3$ は電子エネルギー準位の観点からは AgX へ光誘起電子移動をひき起こすのは困難であると考えられる．一方 TiO_2 は伝導帯の底がより低い（−4.2 eV）ので，$CH_3NH_3PbI_3$ から TiO_2 への電子移動が可能になっている．ペロブスカイト化合物は半導体であるので，TiO_2 との界面の電子構造の評価においては，後述のように両者のフェルミ（Fermi）準位の一致化の影響を考える必要があるが，いまだ不十分である．

2.2　増感色素のＪ会合体の形成

銀塩感材の増感色素，なかでも多くのシアニン色素は水溶液中や写真乳剤中の AgX 粒子表面で会合体を形成し，光吸収スペクトルが大きく変化する．これは，励起色素分子が関わる場合には分子間

コラム6

半導体の光学遷移とバンドギャップの決定

ペロブスカイト化合物の電子構造が実質的に無機半導体であるので，本書で取り上げる他の無機半導体をも含めて半導体の光学遷移の特徴を解説する．本書で扱うAgXやTiO_2あるいは比較の対象とするSiやGaAsは電子で占められた価電子帯と空の伝導帯が禁制帯で隔てられた電子構造となっており，バンドギャップ（E_g：価電子帯の頂上から伝導帯の底までのエネルギー準位差，第4章参照）より大きいエネルギーの光を吸収すると価電子帯の電子が伝導帯へ遷移する．通常価電子帯と伝導帯のエネルギーは波動ベクトル$\boldsymbol{k}$の関数として表される．$\boldsymbol{k}$は運動量に関係し，$\hbar\boldsymbol{k}$は結晶運動量とよばれる．直接遷移の物質では価電子帯の頂上と伝導帯の底は同じ波動ベクトルを有していて，遷移の際に波動ベクトルの変化を伴わないのでバンドギャップ端での遷移確率は大きく，吸収は急峻に立ち上がる．すなわち，吸収の閾値の振動数ω_gは1つの電子と1つの正孔を生成し，$E_g=\hbar\omega_g$となってE_gを与える．

間接遷移の物質では価電子帯の頂上と伝導帯の底は$\boldsymbol{k}_c$（振動数Ω）だけ異なる波動ベクトルを有しており，前者から後者への遷移は波動ベクトル運動量の保存を満たしていないので禁制である．しかし，周波数ωの光で立ち上がる遷移の過程で周波数Ωのフォノンが遷移に寄与し，$\hbar\omega=E_g+\hbar\Omega$で保存則が満たされると遷移が起こる．一般に$\hbar\Omega$は$E_g$よりはるかに小さい（大きいもので0.01～0.03 eV）ので，$\hbar\omega$からE_gを見積もることができる．

の電子的な相互作用が大きいという特徴の現れである．一方，基底状態の分子間の電子雲の重なりが小さく，本章で示すように状態によって吸収スペクトルが大きく変わるにもかかわらず色素分子の電子エネルギーの個性を維持するというもう一つの特徴があり，これについては第4章で解説する．

シアニン色素の代表としてチアカルボシアニン色素を取り上げ

上記の関係はまた，直接遷移の物質の光吸収スペクトルは吸収端から鋭く立ち上がり，間接遷移の物質の吸収端は緩やかな立ち上がりとなる理由となっている．ペロブスカイト化合物，ヨウ化銀（AgI）および GaAs は直接遷移，AgBr，AgCl および Si は間接遷移であり，図 2.3 に直接遷移と間接遷移の吸収スペクトルの相違を見ることができる．

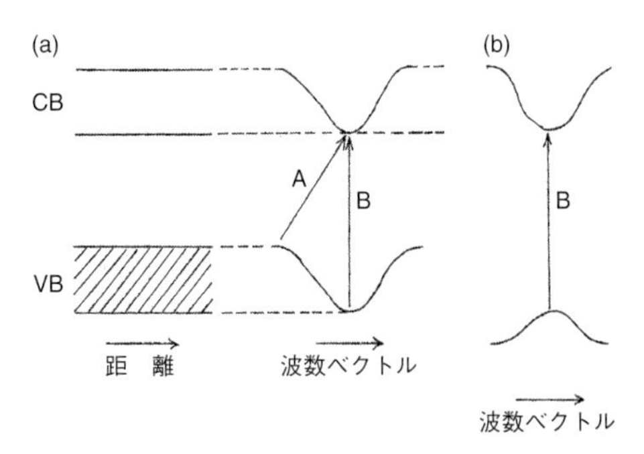

図　AgBr と臭化カリウム（KBr）のバンド構造

吸収端が間接遷移となる AgBr（a）と類縁で吸収端が直接遷移となる KBr（b）のバンド構造を簡略化した図．A は間接遷移，B は直接遷移を示す．CB：伝導帯，VB：価電子帯．

る．この色素には種々の置換基を付けられるが，置換基が付いた位置を示す番号をコラム 4 の図 1 に示しておく．図 2.5 は 3,3′–ジスルホプロピル–5,5′–ジクロロ–9–エチルチアカルボシアニン色素のメタノール中での単量体の吸収スペクトルと，(111) 面を表面にもつ八面体 AgBr 粒子上でＪ会合体（図 2.7 参照）を形成した状態の光吸収スペクトルである [4, 5]．単量体に比べてＪ会合体を形成す

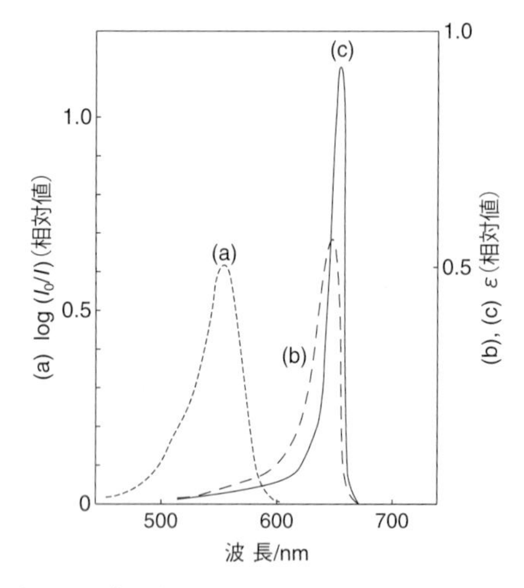

図 2.5　3,3′-ジスルホプロピル-5,5′-ジクロロ-9-エチルチアカルボシアニン色素の吸収スペクトル

(a) メタノール中および八面体 AgBr 乳剤中で乳剤を (b) 40℃ および (c) 70℃ で 20 分間撹拌したもの．乳剤中の色素の吸収スペクトルは，厚い乳剤層の拡散反射率 (R) を Kubelka-Munk の式で処理して求めた [5]．すなわち，K と S を吸光および散乱係数，c と ε をそれぞれ色素の濃度とモル吸光係数とすると，$(1-R)^2/2R$ は $K/S=c\varepsilon/S$ となり，ε に比例するので，右の縦軸に ε の相対値を示した．左の縦軸も ε の相対値であるが，基準が異なるので比較はできない．

ることにより吸収波長は著しく長くなり，いっそう鋭い吸収帯となっている．後述するように，J 会合体の形成をもたらしたものは 9-位のエチル基である．J 会合体の吸収帯は J バンドとよばれ，単量体の吸収帯は M バンドとよばれている．狭い波長範囲で強く鋭い光吸収を必要とするカラーフィルムの増感色素として，J 会合体を形成した色素はきわめて好ましい吸収帯をもっている．第3章で記すように J 会合体の形成は色素の AgX 粒子への吸着を強化し，色素分子の配向を edge-on として単位表面積あたりの吸着色素分子数を多くすることにも貢献している．

色素の会合体にはＪ会合体のほかにＨ会合体（図 2.7 参照）と肋骨構造の会合体（図 2.6 参照）がある．Ｈ会合体の吸収帯はＭバンドに比べて短波長へシフトし，Ｈバンドとよばれている．Ｈ会合体は色素増感には無益であり，研究対象に取り上げられることはほ

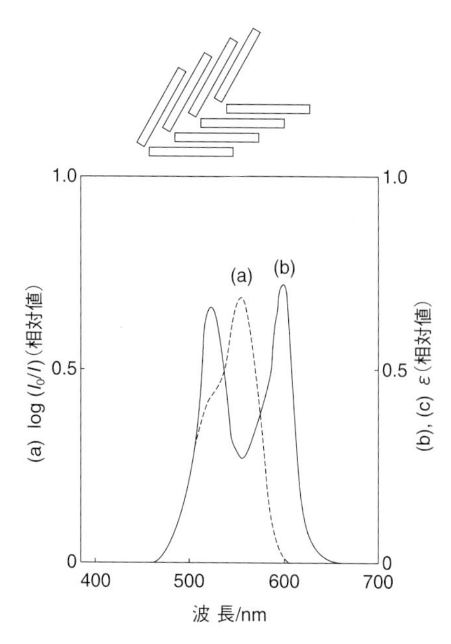

図 2.6　9-メチルチアカルボシアニン色素の吸収スペクトル

(a) メタノール中および (b) 立方体 AgBr 乳剤中．乳剤中の色素の吸収スペクトルは，厚い乳剤層の拡散反射率を Kubelka-Munk の式で処理して求めた [5]．左右の縦軸の意味は図 2.5 と同じである．(b) はダブルバンドであり，色素分子が図の上に示した肋骨構造の会合体を形成していることを示している．

とんどなかった．肋骨構造の会合体はMバンドの長波長側と短波長側に2つのほぼ同じ強度の吸収ピークを与える吸収帯を示し，この吸収帯はダブルバンドとよばれている．図2.6はメタノール溶液中と（100）面を表面にもつ立方体AgBr粒子に吸着した9–メチルチアカルボシアニン色素の吸収スペクトルであり，後者は典型的なダブルバンドを示している [4, 5]．ダブルバンドは（100）面上に9–メチルチアカルボシアニン色素が吸着した場合に観測され，色素の吸収帯の波長範囲を拡げるので白黒写真フィルムに有用であった．

種々の構造のシアニン色素が合成され，それらと会合体形成能との関係が調べられた．その結果，以下のような経験則が得られていた．シアニン色素分子はπ電子共役系のため多くは平面構造を有している．経験則によると，平面構造のままのシアニン色素はH会合体を形成しやすく，平面構造分子にかさ張った置換基を導入するとJ会合体を形成しやすい．図2.5におけるチアカルボシアニン色素の9–位へのエチル基の導入はこの例である．この経験則は“でっ

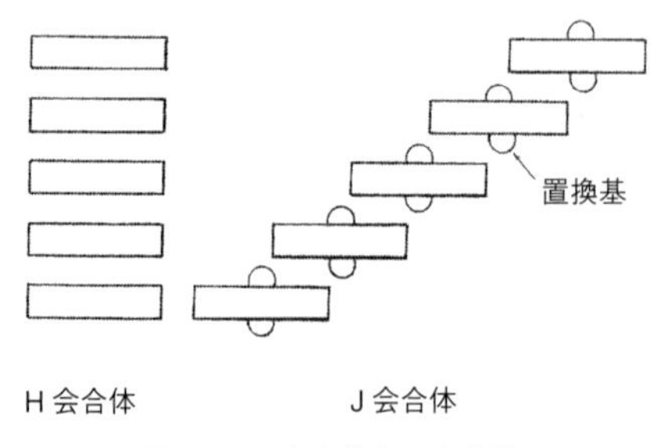

図2.7　H会合体とJ会合体
平面構造の色素分子によるH会合体の形成およびそれにかさ高い基を置換した色素分子によるJ会合体の形成（でっぱり効果）の図解.

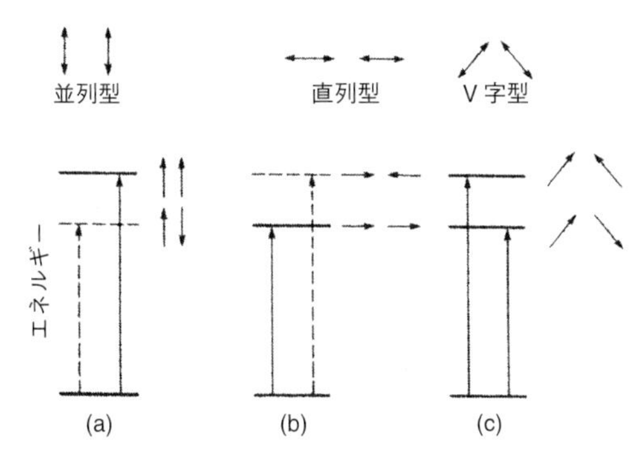

図 2.8　３種類の有機分子会合体（二量体）の構造（上段）と遷移モーメント（下段）

Kasha により（a）並列型，（b）直列型および（c）V 字型と名づけられた [15]．下段の長い実線と破線の矢印はそれぞれ基底状態から励起状態への許容遷移および禁制遷移であることを示す．また短い矢印は分子内に光誘起された双極子モーメント．

ぱり効果”とよばれ [14]，図 2.7 に図解する．図では平面性の色素分子の場合には前後の分子が大きくずれることなく折り重なって H 会合体を形成し，中央付近にかさ張った置換基を有する色素分子の場合には前後の分子どうしがかさ張った置換基を避けて大きくずれて折り重なり，J 会合体を形成する様子を図解している．

図 2.8 は Kasha が提案した 3 種類の二量体の構造（上段）と対応する基底状態と励起状態の電子構造（下段）を示している．これらは並列型（parallel），直列型（head-to-tail）および V 字型（oblique）とよばれ，それぞれ H 会合体，J 会合体および肋骨構造の会合体に対応する [15]．二量体では分子間の相互作用により励起状態が分裂し，単量体の励起状態に比べて一方のエネルギーは高く，他方は低くなる．短い矢印は光による HOMO から LUMO への電子の遷移

で誘起される双極子モーメントを表し，2つの分子に誘起されるモーメントを合せてゼロにならない場合には遷移は許容されて光の吸収が起こり，ゼロの場合には遷移は禁制となり光の吸収は起こらない．この図の意味を遷移エネルギーを$E=hc/\lambda$（h, cおよびλはそれぞれプランク（Planck）の定数，光速および波長）により吸収係数と関係づけ，以下に考察する．並列型ではエネルギーが低い励起状態への遷移は禁制となる一方で，エネルギーが高い励起状態への遷移が許容されて吸収は短波長となる．直列型ではエネルギーが高い励起状態への遷移が禁制となる一方で，エネルギーが低い状態への遷移が許容となり，吸収は長波長となる．V字型では2つの励起状態への遷移がともに許容となるため，Mバンドの両側に吸収ピークをもつ吸収帯（ダブルバンド）となる．

図2.9はKashaのモデルの並列型と直列型の間を斜角αでつなげて一般化した分子励起子モデルの図解である［4, 5］．これによれば並列型は$\alpha=90°$，直列型は$\alpha=0°$に対応するが，H会合体とJ会合体はこれらに限定されるわけではなく，αが小さい場合にはJ会合体を形成しやすく，αが大きい場合にはH会合体を形成しやすいことを示している．平面性が高くかさ高い置換基をもたない色素分子ではαが90°に近い状態で積み上がり，かさ高い置換基を入れるとそれを避けてずれて積み上がりαが小さくなる．図2.8および2.9は簡単化のため二量体をモデルに図解してあるが，実際の会合体はこれより多くの分子によって構成され，目視できる大きさの単結晶を形成するまでに成長させた例も報告されている．J会合体については，会合体を構成する分子の数が多くなるほど吸収波長は長波長にシフトし，吸収帯は鋭くなることが観測されている［4,5］．この結果はJ会合体を構成する分子の数が多くなるほど励起状態の分裂が大きくなり，遷移確率が基底状態から最小エネル

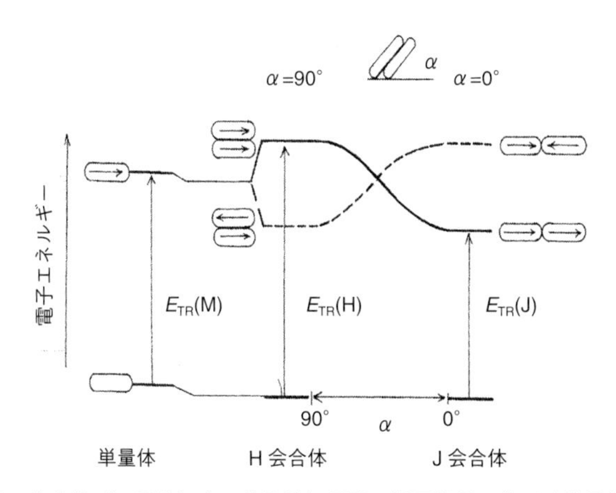

図 2.9 会合体（二量体）中の分子励起子間の相互作用に基づく単量体，H 会合体およびＪ会合体の電子遷移 ［T. Tani, "Photographic Science", Oxford University Press (2011)］

α は会合体中の分子間のすべり角，E_{TR}(M)，E_{TR}(H) および E_{TR}(J) はそれぞれ単量体，H 会合体およびＪ会合体の遷移エネルギーを示す．

ギーの励起状態への遷移に集中することを意味している．

図 2.8 と 2.9 は増感色素分子が会合すると励起状態がさまざまに分裂することを示している．Ｊ会合体の特徴は，その色素の励起状態のなかで最も低いエネルギーにあることである．光化学反応におけるカシャ（Kasha）の法則によれば，励起状態のなかでエネルギーが最も低い状態から光化学反応（ここでは色素増感）が起こるので，Ｊ会合状態による色素増感は他の会合状態の色素に比べて失活過程が関与しにくいものと考えられる．

銀塩感材でＪ会合体を形成する増感色素のなかではシアニン色素が際立って多く，ほかにはメロシアニン色素で例外的に観測されただけである．しかしラングミュア・ブロジェット（Langmuir–

Blodgett：LB）膜を形成したメロシアニン色素の多くでＪバンドが観測されている．Ｊ会合体の形成は図2.7に示したようなπ電子共役系の分子構造だけでなく，種々の要因に依存するものと考えられる．小林孝義は多くの著者による種々の色素のＪ会合体の形成と性質に関するの知見を著書に編集している［16, 17］．DSCで用いられるRu錯体色素はＪ会合体を形成しない．PSCに用いられるペロブスカイト化合物の電子構造は実質的に無機半導体であり，色素分子のＪ会合体とは異なる構造となる．

上記のようにＪ会合体は増感色素の吸収帯を長波長にシフトさせ鋭くするので，狭い波長範囲で光を強く吸収する必要があるカラーフィルムにはきわめて有用である．後述するようにＪ会合体の形成は色素のAgXへの吸着を促進し，AgX表面の単位面積あたりの色素吸着量を増加させる利点もある（第3章参照）．またＪ会合体の形成は色素分子を剛直に固定するため，色素からAgX粒子への光誘起電子移動の障壁を低くする利点もある（5.1節参照）．留意すべき点は，Ｊ会合体の形成は励起色素分子が関与する場合には分子間の相互作用が強く吸収スペクトルを大きく変化させるが，基底状態の分子どうしでは結晶状態も含めて電子雲の重なりが小さく，孤立状態の電子構造の特徴を有していることである（第4章参照）．

第3章

色素増感の基板

3.1　色素分子の基板への吸着

増感色素はAgX粒子表面に吸着した状態で色素増感現象をひき起こすので，AgX粒子への増感色素の吸着に関する知見は重要である．写真乳剤はゼラチン水溶液中にAgX粒子が懸濁された状態であるので，ゼラチン水溶液相中の色素のAgX粒子への吸着に関する知見が必要となる．色素の吸着状態は通常，吸着等温曲線で表され，色素の吸着量がゼラチン水溶液相中の非吸着の色素の濃度に対して目盛られる．ゼラチン水溶液相中の色素の濃度は乳剤を遠心分離して得られる上澄みのゼラチン水溶液中の色素の濃度を分光光度計などで測定し，吸着前後の濃度差から吸着量を求めることができる．一方，AgX粒子を懸濁した乳剤は光を散乱するので，乳剤のままで拡散反射率Rを測定すると，Kubelka–Munkの式により$(1-R)^2/2R$が色素の濃度に比例する量を与える．AgX粒子へのシアニン色素の吸着は強く，飽和吸着量に近づくまでは添加したすべての色素が粒子へ吸着するので，色素の吸収スペクトルがゼラチン水溶液中とAgX粒子上で異なることを利用すると，乳剤中でのAgX粒子への色素の吸着等温曲線を求めることができる［4–6］．

図3.1はJ会合体を形成した典型的なシアニン色素のAgBr粒子への吸着等温曲線であり，Kubelka–Munkの式を用いて求めたもの

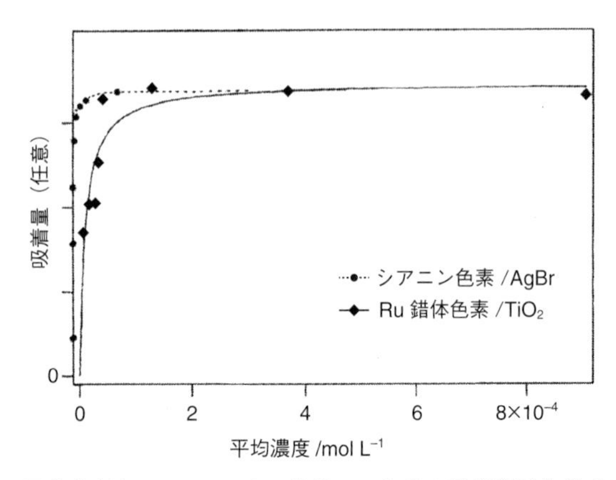

図 3.1　写真乳剤と DSC における基板への色素の吸着等温曲線［T. Tani, "Photographic Science", Oxford University Press (2011)］
9-メチルチアカルボシアニン色素の立方体 AgBr 粒子への吸着等温曲線（点線）と DSC における Ru 錯体色素の焼結 TiO_2 微粒子多孔膜への吸着等温曲線（実線）.

である [4, 5]．この系の吸着の特徴の一つは，図に見られるように等温曲線はラングミュア（Langmuir）型であり，強い単分子層飽和吸着を示していることである．図 3.2 は AgX 表面上のチアカルボシアニン色素分子の状態を図解したものである．吸着が飽和した状態が単分子層であることは，ここに示されるように飽和状態での色素分子の占有面積と分子の大きさが整合していることで確認することができる．吸着が強いことはミクロ熱量計による吸着熱の測定値（$\sim$10 kcal mol^{-1}＝$\sim$41.84 J mol^{-1}）によって裏づけられている．後述するように吸着は可逆的であり物理的である．第2の特徴は色素が単分子層で飽和し，色素の添加量を増しても多分子層吸着にはならないことである．1層目の色素分子を AgX 表面に束縛する力は2つある．一つは色素の π 電子共役系の分極しやすい電子

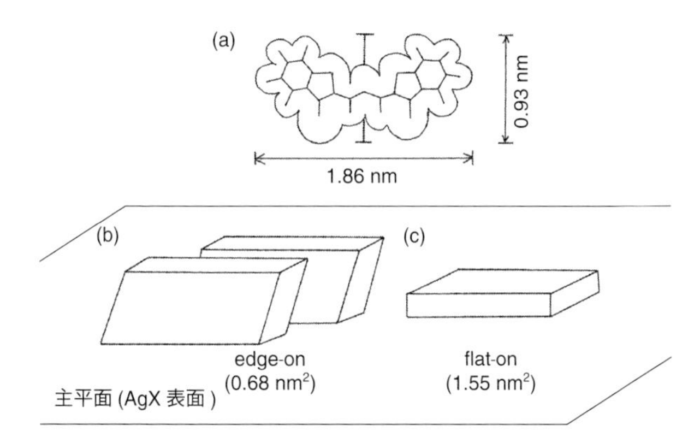

図 3.2　チアカルボシアニン色素分子の大きさ（a）と AgX 表面への edge-on 配向（b）および flat-on 配向（c）と色素分子の占有面積

色素分子は平面状であり，edge-on では分子は主平面に対して edge で立ち，flat-on では主平面に平行に接している．吸着量とともに色素分子の配向が flat-on から edge-on へと変化していく様子を図 2.9 に見ることができる．

雲と高い誘電率を有する AgX 中の電子の間にはたらく強いファン・デル・ワールス（van der Waals）力である．もう一つは J 会合体の形成をもたらす吸着色素分子間にはたらく引力であり，これにより色素分子はさらに AgX 表面に強く束縛されることとなる．色素分子間で引力がはたらくためには，図 3.2 に示すように互いに分子面を向き合わせて edge-on で配向する必要がある．色素分子が 2 層目に吸着する場合には 1 層目の色素と分子面を向き合わせて引力をはたらかせることができず，AgX 粒子とは離れているので AgX 粒子とのファン・デル・ワールス引力も弱くなり，色素分子を AgX 粒子表面の 2 層目に束縛する力は弱いものとなる．

図 3.2 はそのような色素の吸着の一例であり，チアカルボシアニン色素の分子構造と AgX 基板への配向（edge-on および flat-on）お

よび色素1分子あたりの占有面積を示している．色素分子は平面状であり，edge-on の場合には色素分子は π 電子共役系の分子平面の側面で AgX 表面上に立ち，表面に沿って J 会合体を形成している．一方 flat-on の場合には色素分子は分子平面を AgX 表面に向けており，会合体は形成していない．分子の大きさをもとにして見積もった色素1分子の占有面積は edge-on（0.68 nm^2）>flat-on（1.55 nm^2）であり，実測値は 0.6 nm^2 であった [6]．この結果は色素が edge-on 配向で単分子層飽和吸着をしていることを示すとともに，基板の単位面積あたり edge-on は flat-on より多くの色素分子が吸着することができ，AgX 粒子の単位表面積あたりより強く入射光を吸収することができることをも示している [4–6]．さらに，図 1.4 に示したようなアスペクト比の大きい平板粒子の主平面に色素分子の長軸を平行にして敷き詰め，粒子を図 1.3 に示したようにフィルムベース面に平行に配向させることにより，色素分子の遷移モーメントの方向が入射光の電場の振動方向に合いやすくなり，入射光をいっそう強く捉えやすくなる．これらは色素が J 会合体を形成したことの利点である．

AgX 粒子へのシアニン色素の吸脱着過程の特徴を示す実験結果の一例を以下に示す [5]．9–メチルチアカルボシアニン色素は表面が（100）面からなる立方体 AgBr 粒子で図 2.6 に示した肋骨構造の会合体を形成しダブルバンドの吸収スペクトルを示すが，（111）面からなる八面体 AgBr 粒子上では不特定の会合体を形成する．この色素は AgBr 粒子の（111）面より（100）面に強く吸着する．この色素の八面体および立方体 AgBr 粒子への吸着と脱着の特性を図 3.3 にまとめる．ミクロ熱量計で測定したところ，吸着熱はそれぞれ 9 kcal mol^{-1}（～38 J mol^{-1}）と 11 kcal mol^{-1}（46 J mol^{-1}）であった．色素を八面体粒子に吸着させた後に立方体粒子を添加す

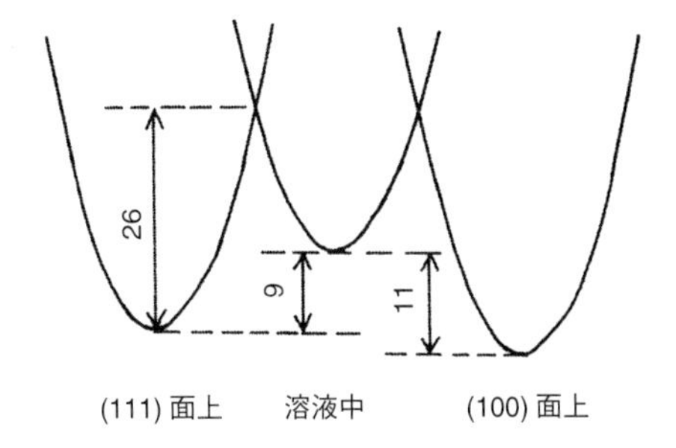

図 3.3 9–メチルチアカルボシアニン色素のポテンシャルエネルギー曲線
それぞれ表面に（111）面と（100）面を有する八面体および立方体 AgBr 粒子（図 3.4 を参照）の表面上とゼラチン水溶液中のものを示す．図中の数字（26, 9 および 11）の単位は kcal mol^{-1} であり，それぞれ 109, 38 および 46 J mol^{-1} である．

ると色素の吸収スペクトルがダブルバンドに変化し，変化の原因は色素が八面体粒子から脱着し，立方体粒子に吸着されていったためであることがわかった．また，この過程の温度依存性から脱着の活性化エネルギーは 26 kcal mol^{-1}（109 J mol^{-1}）であることがわかった．この図の結果はまた色素の吸着が可逆であることを示している．すなわちいったん八面体粒子表面に吸着した色素もより安定に吸着できる立方体粒子が導入されると前者から脱着して後者へと移動した．この結果は，吸着熱が大きいにもかかわらず吸着が物理的であることを示している．また乳剤を加温して撹拌すると色素はより安定な状態へと移動していくことを示していた．これは AgX 粒子表面で J 会合体を形成する色素分子は，J 会合体が大きくなるほど安定となり，より強く表面に束縛される，すなわち，J 会合体を形成して AgX 粒子に吸着している場合には，乳剤を熟成するほど J 会合体を大きくすることができることを示しており，実験で確認され [5]，J 会合体のサイズの制御に活用された．

吸着色素が2分子層あるいは多分子層を形成することができれば基板の単位表面積あたりの色素量が増加するので入射光の捕捉を促進するには好ましく，長年実現に向けて検討がなされた．しかしながら，図3.1に見られるように同一の色素がAgX粒子上に多層吸着することはなかった．遠心分離法により得られた吸着等温曲線では多層吸着を示す結果が得られることもあったが，後になってゼラチン水溶液相中の非吸着の色素の微結晶あるいは凝集体が遠心分離で沈殿したために吸着量が過大に見積もられたためであることが判明した．1層目と2層目の分子間の引力を強化すると2分子層目の吸着が可能になったが，2分子層目の色素が感度増加をもたらすには2分子層目の色素の吸収波長を1分子層目より短波長に設計することが必要であった [18]．次章で記すように，色素分子のイオン化エネルギーはそれを取り囲む周囲の誘電率が大きいほど小さくなる．したがって，誘電率が大きいAgXに接してない2層目の色素分子のイオン化エネルギーは接している1層目色素分子より大きいので，2層目色素分子の励起電子は1層目色素分子のLUMOに移動できない．2層目色素分子が励起されたときに1層目分子のLUMOに電子が現れてAgX粒子の色素増感をもたらすために残された可能性は2層目色素分子から1層目色素分子へのエネルギー移動であり，そのためには前者の吸収波長は後者より短くなければならないためである．これは実用上制約となった．

DSCではTiO_2に吸着して色素増感に寄与するRu錯体色素分子は会合体を形成しないので分子配向はflat-onとなり，色素1分子あたりの占有面積は大きく（160 Å^2＝1.6 nm^2）[5, 10]，基板の単位面積あたりの色素分子数は少なく，入射光を強く吸収することはできない．図3.1に見られるように，基板（TiO_2）への吸着等温曲線は単分子層飽和吸着のラングミュア型である．しかし，シアニン色素の基板（AgBr）への吸着の場合とは異なり吸着量が少ない状態ですでに非吸着の色素濃度が観測されたことから，Ru 錯体色素の TiO_2 への吸着のほうが弱いことがわかる［5］．Ru 錯体色素はシアニン色素とは異なり J 会合体を形成していないので，色素分子間の引力がはたらかず，色素分子の基板への束縛が弱くなっているものと考えられる．

銀塩感材および DSC の増感色素は分子状であり，分子間の電子雲の重なりは少なく，2 分子層目の吸着は困難であったが，ペロブスカイト化合物はイオン性半導体であり，構成するイオン間の電子雲の重なりは大きく，互いに強く結合して多イオン層に堆積することができる．ペロブスカイト化合物層の厚みは，入射光を十分に吸収するために数百 nm に設計されるが，層内の電子構造は半導体として一体化しており，ペロブスカイト化合物中の電子と正孔の移動距離は長いので，このような膜で界面から離れた位置で発生した電子や正孔も界面に到達することができる［12, 19］．$CH_3NH_3PbI_3$ の堆積には，そのままの溶液から TiO_2 上へ堆積する one-step 法と二ヨウ化鉛（PbI_2）を TiO_2 上に堆積させてから PbI_2 中にヨウ化メチルアンモニウム（CH_3NH_3I）を割り込ませる two-step 法がある．TiO_2 表面へのペロブスカイト化合物の堆積や界面の形成の機構は明らかにされていないが，two-step 法や多孔 TiO_2 層がペロブスカイト層の形成に好ましいのは，TiO_2 の表面にはペロブスカイト化合物の結晶成長の核となるサイトが必要であり，大面積の PbI_2 層が形成されると CH_3NH_3I が割り込みやすいことが考えられる．電子顕微鏡でペロブスカイト化合物と TiO_2 の界面の整合性が悪いことが確認された場合には太陽電池としての性能が劣ることが報告されている［19］が，高い PCE を示した電池においては速やかな電子移動を可能にする界面構造が形成されているものと考えられる．

3.2　基板の改良

色素増感の改良には基板の最適化が必要であり，銀塩感材の場合にはAgX粒子の改良である．AgX粒子は硝酸銀（$AgNO_3$）とハロゲン化アルカリ（KX）の複分解反応（たとえば，$AgNO_3 + KBr \rightarrow AgBr + KNO_3$）で形成される．AgX粒子の存在下では［$Ag^+$］と［$X^-$］の積（溶解度積；$K_{sp}$）は一定であるので，$pAg = -[Ag^+]$ および $pX = -[X^-]$ とすると $pAg + pX = pK_{sp}$ となる．粒子を形成する反応は単純だが，その形成技術は銀塩写真の根幹をなすものであり，長年多くの研究者が形成機構の解明と形成法の改良に取り組んできた［20］．近代的なAgX粒子の形成法はダブル・ジェット（DJ）法で，ゼラチン水溶液に硝酸銀水溶液とハロゲン化アルカリ水溶液を同時に添加するものである．DJ法にすることにより粒子成長中の状態を制御しやすくなるが，それを実現するために必要な粒子の核生成や成長の機構や要因の把握と制御および粒子形成装置の設計が伴わなければならなかった．そのような技術の進歩の結果，粒子サイズや形状が揃った単分散の乳剤の調製が可能となった．面心立方晶系のAgX粒子の表面で安定に存在できる面は(100)面と（111）面であり，色素の吸着の強さや会合状態がこれらの面によって異なることがわかり［4–6］，粒子表面を好ましい結晶面に制御することができるようになった．

図3.4(a) および（b）に示すように表面に（100）および（111）面のみをもつ無欠陥の粒子（正常晶粒子）はそれぞれ立方体および八面体であり，コラム7に記すように，反応溶液のpAgを調整することによりそれらのAgX粒子を作り分けることができるようになったのは1962年であった［21, 22］．このようなことが実現できたのは，コラム7で解説するようにDJ法の効用を実現するのに必

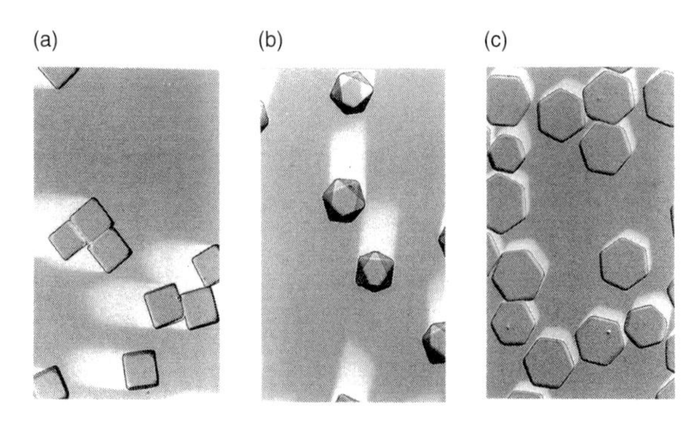

図 3.4　立方体（a），八面体（b）および平板（c）AgBr 粒子のカーボンレプリカの透過型電子顕微鏡写真

立方体粒子表面，八面体粒子表面および平板粒子の主平面はそれぞれ（100）面，（111）面および（111）面からなる．立方体および八面体粒子と同じ体積の球の直径は 0.7〜0.8 μm であり，平板粒子のサイズも同程度である．平板粒子は図 1.4 に示したものよりアスペクト比が小さく，実験用に調製されたものである．

要な粒子形成装置や制御技術が進歩してきたためであった．さらに DJ 法で AgX 粒子を形成する際に反応溶液中の pAg を制御しつつ硝酸銀とハロゲン化アルカリ水溶液の添加速度を増加させると粒子の成長が速くなり，ついには拡散律速となり小さい粒子のほうが大きい粒子より速く成長するようになる．ただし，コラム 7 に記したように添加速度を大きくしすぎると既存の粒子の最大成長速度を超えて新しい小さい粒子が生成するようになるので，そのようなことがないように添加速度を制御する必要がある．かくして新しい粒子の生成を抑えつつ添加速度を大きくし，拡散律速状態で粒子を成長させることにより，図 3.4 に見られるようにサイズが揃った粒子（単分散粒子）を調製することができるようになった [4, 5]．

色素増感を施した AgX 粒子で高感度を実現するには，個々の粒

コラム7

AgXの粒子形成の基本

本文に記したように，AgX粒子は硝酸銀とハロゲン化アルカリの複分解で形成される．AgX粒子の製造技術は粒子形成装置や制御技術の進歩に伴いダブル・ジェット（DJ）法が採用されるようになり，それにより粒子形成の基本的機構を解明し形成法を改良する道筋を立てることができるようになった．図1はそのような装置の一つであり，ゼラチン水溶液に硝酸銀水溶液とハロゲン化アルカリ水溶液を同時に添加する粒子形成法である．DJ法では添加された溶質が意図した濃度で反応溶液中に均一に行き渡り，粒子の上に堆積することを目指すものであり，それにより粒子形成を制御し，形成機構を考察する知見を得ることができる．しかしながら，この粒子形成装置の実現は困難を極めた．製造装置では生産量を確保するために溶質を濃厚に含む水溶液（~1 mol

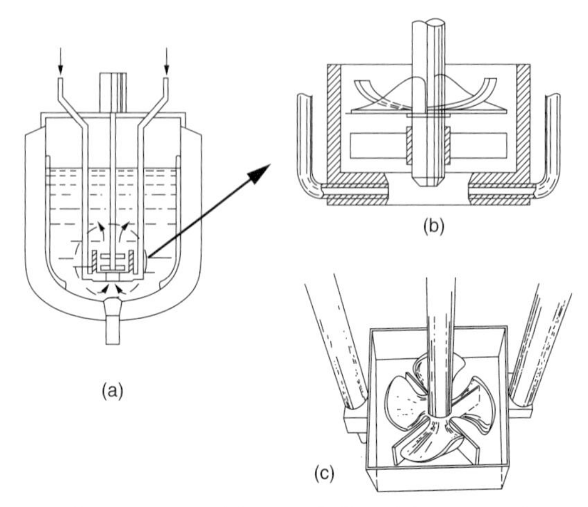

図1　DJ法粒子形成装置（a）および撹拌器（b）の一例の横断面の図解および撹拌器の鳥瞰図(c)

L^{-1} あるいはそれ以上）を添加する必要があり，溶液内での溶質の平衡濃度は何桁も低く（AgBr の場合には 10^{-6} mol L^{-1} 前後），その差の大きさが粒子形成の制御とそのための形成装置の設計の難しさを示している．

理想的には添加した溶質が反応溶液内に均一に行き渡ることであるが，実現は困難である．理想に近づける方法としては，適切な撹拌器を設計して銀イオンとハロゲン化物イオンを即座に反応させることと，迅速に反応液で希釈することである．この装置では Ag イオンを含む水溶液とハロゲン化物イオンを含む水溶液の添加口を向き合わせて即座に反応させ，生成した発生期の小さい AgX 核と未反応の溶質イオンを含む液と反応溶液を一緒に混合撹拌しながら勢いよく容器全体へ送り出す設計となっている．生成した発生期の AgX 核はきわめて小さいので溶解度が高く，反応溶液と混ざり合った際に溶解して，すでに反応溶液中で成長中の AgX 粒子に堆積する．

AgX 粒子は図 2 に示すラメール（LaMer）のダイアグラムに基づき制御されて形成される．ダイアグラムでは溶質（銀イオンとハロゲンイオン）が同量で

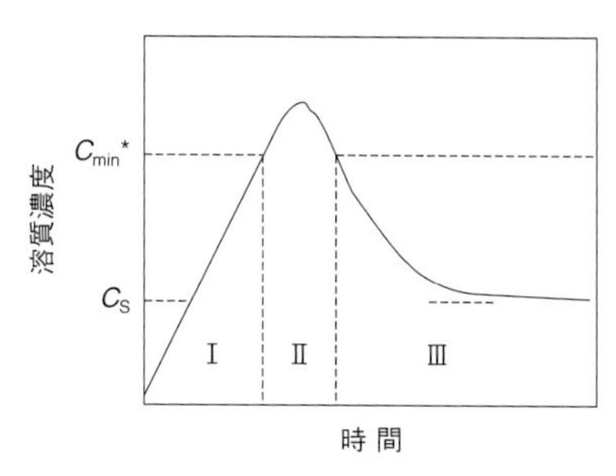

図2　ラメールのダイアグラム

時間とともに DJ 法で溶質が反応溶液中に添加される場合のダイアグラム．C_S および C_{min}^* はそれぞれ溶解度と臨界過飽和度（核形成が起こり始める溶質の過飽和度）．粒子形成過程は I，II および III に分かれ，II は核形成領域，III は成長領域である．

添加された場合の反応溶液中の溶質の濃度が添加時間の関数として目盛られており，溶解度と臨界過飽和度に相当する溶質の濃度を示してある．添加とともに溶質の濃度が増加して溶解度を超え過飽和状態となるが粒子は生成せず，臨界過飽和度を超えると粒子の核が発生する．核の発生で溶質の濃度が減少し，臨界過飽和度を下回ると核の発生が止まる（この期間を核形成領域とよぶ）．その後も溶質濃度が臨界過飽和度を下回るが溶解度を上回る添加速度で溶質を添加すると，添加した溶質は核形成領域で生成した核の上に堆積し，核を成長させる（この領域を成長領域とよぶ）．単分散の粒子を形成する第一の秘訣は，成長領域で溶質の濃度が臨界過飽和度を超えて再度核を生成しないように制御することである．添加速度を大きくすると臨界過飽和度を超える．添加速度が小さい場合でも反応溶液中で溶質の濃度のばらつきが大きい場合には溶質濃度が局所的に臨界過飽和度を超えて核が生成するので，溶質の濃度を反応溶液中で均一になるように反応の装置や条件を整える必要がある．

子が多くの色素分子を吸着できるように設計することが有効であり，比表面積が大きいAgX粒子が求められた．かくしてAgX粒子の比表面積を増加させるための技術の開発がなされた．比表面積が大きいAgX粒子として2枚の双晶面を平行に入れることにより形成される双晶平板粒子が選ばれ，図3.4(c) に見られるように双晶平板粒子のみからなる乳剤の調製法や，図1.4に見られるようなアスペクト比（平板粒子の主平面の直径を厚さで割った値）を大きくする方法が開発され [4, 5, 20]，1980年代初め以降のカラーネガフィルムに用いられた．双晶面は図3.5に示すようにして形成される．すなわち，(111) 面がa，b，cの順序で積層成長していくと側面は斜めに傾斜するが，積層の順序を誤ると（図ではa，bからa）双晶面（図では矢印が示すb）が形成され，側面の傾斜が折り成長領域で pAg（−log［Ag^+］）を低く維持すると（111）面が（100）面より速く成長するので表面が（100）面からなる立方体粒子となり，pAg を高く維持すると（100）面が（111）面より速く成長するので表面が（111）面からなる八面体粒子となる．反応溶液中の pAg を制御するには銀電極で銀電位を絶えず測定し，所定の銀電位となるように銀イオンとハロゲン化物イオンの添加速度比を制御する．このように pAg を維持しつつ臨界過飽和度を超えない範囲で添加速度を増加させると粒子成長速度は拡散律速になり，小さい粒子が大きい粒子より速く成長してサイズが追いつき，サイズが揃った単分散の粒子に成長する．上記の等方成長の正常晶粒子とは異なり，平板粒子は主平面より側面の成長を速くする異方成長なので，単分散化は困難となる．異方成長を促進するには反応律速となる低い過飽和度の成長条件が必要であるが，粒子サイズを揃えるには過飽和度の高い拡散律速の成長が好ましく，アスペクト比が高い平板粒子をサイズを揃えて形成するのは至難の業といえよう．

返し凹凸の構造を与える．双晶面が 2 枚平行に入ることによって図 3.6 に示す側面の構造の双晶粒子となる．双晶平板粒子は高 pAg で形成される．高 pAg では安定な面が（111）面であるのに対して，2 枚の双晶面により 3 つに分割された側面の中央部分では不安定な（100）面が速く成長しても上下の（111）面に速やかに展開される構造となっていて，（100）面は消えることなく速く成長し続けることができる．かくして側面方向の成長が主平面の（111）面の成長より大きくなり，平板粒子を生成することとなる [23]．またこのような機構により平板粒子の側面が高い pAg で安定な（111）面より速く成長することは同時に，他の（111）面に囲まれた粒子より溶解度が低いことを意味している．すなわち，平板粒子をはじめ種々の粒子を含む乳剤を熟成させ，その条件を精密に制御すること

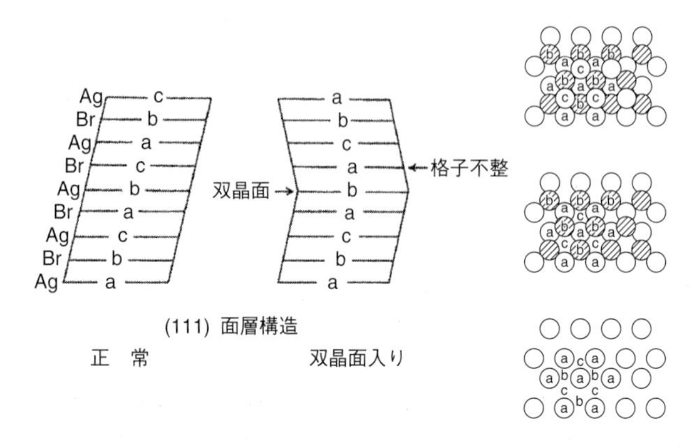

図 3.5　AgBr の（111）面の積層構造と双晶面の発生

（111）面の積層は右図の a，b，c の繰返しで正常構造を形成するが，並び違い（格子不整）により双晶面が形成され，側面の傾斜の向きが変わる．ここで，（111）面はすべてが Ag^+ か Br^- だけで構成されているので，本書では以降，それぞれの面がいずれのイオンで構成されているかを表示しないこととする．

により他の粒子を溶解させて平板粒子のみを残して成長させることができ，平板粒子のみからなる乳剤を調製できるようになった [20]．比表面積を大きくするには平板粒子のアスペクト比を高める必要がある．それを実現するのは，平板粒子の主平面の成長速度を抑えて側面の成長速度をできるだけ大きくする条件を，反応溶液全体で粒子サイズに相当するミクロな領域まで維持することであった [20]．

AgX 表面には図 3.7 に図解するようにステップやキンク位などがあり，それらはイオン結晶なのでそれぞれ±1/3 価および±1/2 価の電荷を有している [5]．したがって，増感色素分子の電子エネルギー準位は色素分子が AgX 粒子表面の正荷電のサイト近傍に吸着

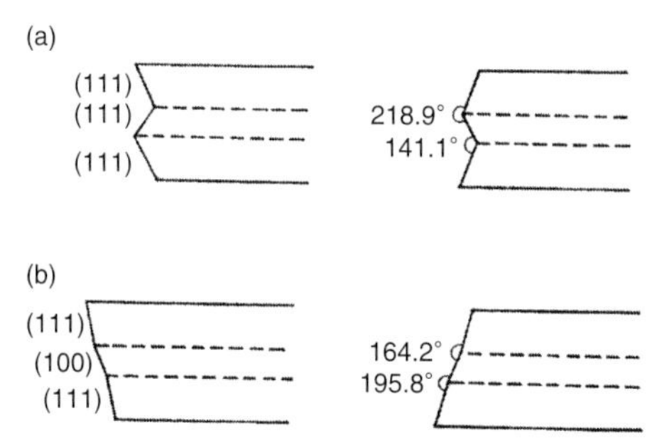

図 3.6　2 枚の平行な双晶面を含む平板粒子結晶の側面

(a) は側面がすべて (111) 面の場合であり，凹面部分に溶質が速やかに堆積し新しい面が形成されて拡がるが，218.9° の角度をもつ峠を乗り越えて隣の面に拡がることができないので，この構造で側面が速やかに成長し続けることはできない．(b) は中央の面が (100) 面になった場合であり，隣の面との角度が 180° に近く，低い銀イオン濃度で (100) 面が新たに速く形成された場合にその面が速やかに隣の (111) 面へと拡がってもとの側面構造となるので (100) 面は残り，この構造の側面の速い成長は止まることなく続くことになる．

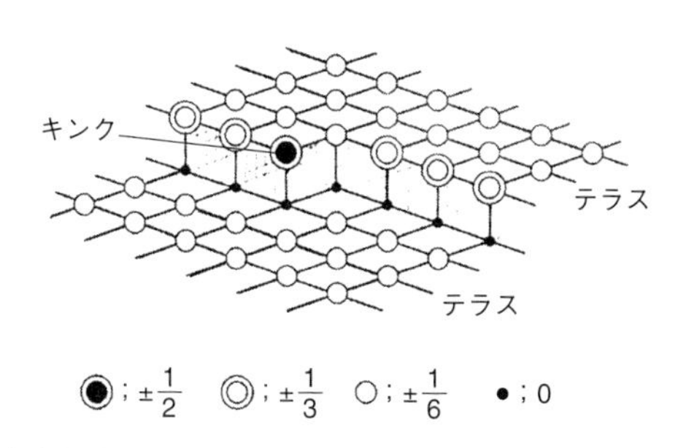

; $\pm\frac{1}{2}$　; $\pm\frac{1}{3}$　; $\pm\frac{1}{6}$　; 0

図 3.7　面心立方晶系 AgX の表面でテラスとキンク位を有する (100) 面の構造と電荷

結晶中では各イオンは 6 個の反対電荷のイオンに囲まれているが，キンク位は 3 個の反対電荷のイオンに囲まれているので±1/2 の電荷を有し，表面上で最も活性が高いサイトになっている．

すると低くなり，負電荷のサイト近傍に吸着すると高くなるので，吸着色素の電子エネルギー準位が幅広くなる可能性が指摘されていた．そこで，AgX/増感色素界面での両者の相互作用が調べられた．室温での乳剤膜中のAgX粒子の暗所での電気伝導度（暗伝導度あるいはイオン伝導度とよばれている）は誘電損失法で測定される[5]．測定の結果，電荷担体は格子間銀イオンであり，図3.7に示すキンク位を占める銀イオンが格子間に移動して生成することがわ

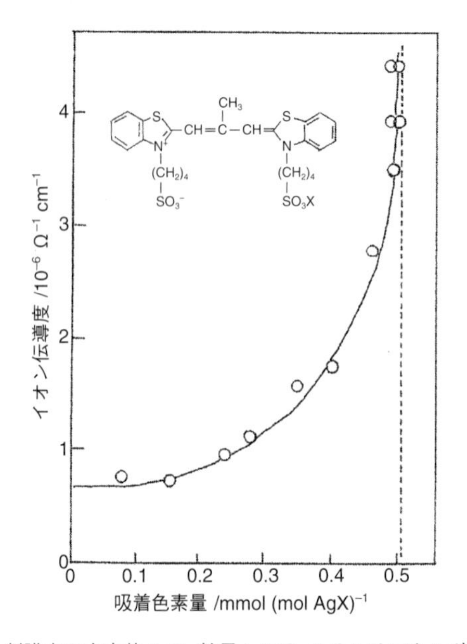

図 3.8　乾燥乳剤膜中の立方体AgBr粒子への9–メチルチアカルボシアニン色素の吸着量に対する粒子のイオン伝導度（格子間銀イオン濃度に比例）の依存性［T. Tani, T. Suzumoto, *J. Appl. Phys.*, **70**, 3626（1991）］

色素の吸着量は厚い乾燥乳剤膜の拡散反射率をKubelka–Munkの式を用いて処理して求めた．垂直な点線は飽和吸着量を示す．

かっていた．そこで色素分子の吸着が AgBr 粒子中の格子間銀イオン濃度すなわち暗伝導度に与える影響を調べることにより，吸着色素分子と AgBr 表面の相互作用が調べられた．図 3.8 に示すように，粒子の暗伝導度は色素の吸着量を増加させても色素の吸着量が少ない領域では大きな変化を示さなかったが，吸着量が多くなり色素が J 会合体を形成すると増加し，飽和吸着量に近づくにつれ急峻に増加するようになった．シアニン色素の π 電子共役系は正に帯電しており，この部分で AgX 粒子表面に吸着すること [4, 5] を考えると，この結果は以下のようにして色素が AgX 表面をならして吸着することを示している [4, 5, 24]．すなわち，図 3.9 に図解するように，

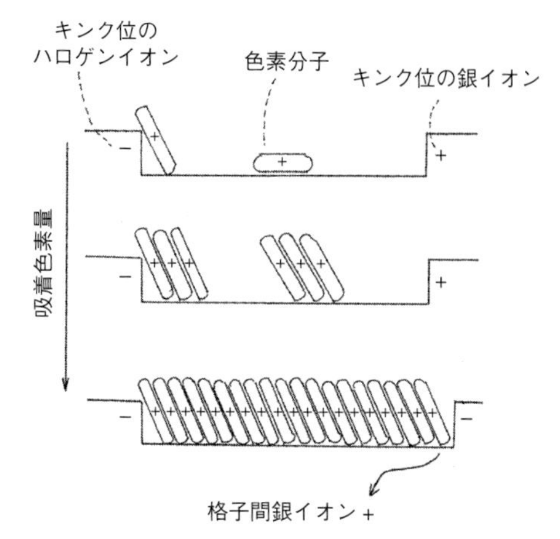

図 3.9　図 3.8 の結果に基づくシアニン色素分子の吸着状態の吸着量依存性
[T. Tani, T. Suzumoto, *J. Appl. Phys.*, **70**, 3626 (1991)]
色素分子は長軸方向に垂直に切った断面で示している．図 3.2 と対照することにより，粒子表面に対する色素分子の配向が flat-on から edge-on へと変化し，単位表面積あたりの吸着色素分子数が増加することがわかる．

正電荷を有するシアニン色素は同じく正荷電を有するキンク位の銀イオンを避けて吸着を始め，吸着量が多くなるとキンク位の銀イオンを格子間に追いやって AgX 粒子のイオン伝導度を増加させるとともに，正電荷を有するキンク位を負電荷を有するキンク位の Br^- に換えて吸着する．この結果は色素分子が AgX 表面を平滑化して吸着し，それにより吸着色素分子自身の電子エネルギー準位の分布を狭くしているものと考えられる．この結果はまた，シアニン色素が J 会合体を形成して AgX 粒子上に強く吸着する際に両者の界面を整地し，整合性を高めて前者から後者への光誘起電子移動が円滑に起こることを可能にしているものと考えられる．

図 1.8 は DSC の構造と多孔 TiO_2 層の SEM 像である．DSC の基板である TiO_2 は光励起された電子を電極へ輸送する役割があるので，銀塩感材のように孤立した粒子ではなく互いに接触して電子が粒子間を移動できるものでなければならない．しかも，表面積を大きく確保する必要があるので微粒子 TiO_2 からなる多孔質の膜が用いられている．この膜は約 20 nm の粒子を焼結したものであり，厚さ 10 μm の多孔 TiO_2 層の総表面積は投影面積の約 1000 倍である［25］．細孔の内面には増感色素が単分子層で吸着し，細孔内部の残りの空間は正孔輸送材料（hole transport material：HTM）としての酸化還元メディエーターを含む電解質溶液が埋めている．色素分子どうしの電子雲の重なりは小さいので，正孔が色素層を通って電極まで移動することは難しい．そこで，HTM が細孔の内部にまで侵入して吸着色素から正孔を受け取り，電極まで輸送しなければならない．かくして吸着色素量，TiO_2/色素界面の面積および色素/HTM 界面の面積を大きくすることができた．TiO_2 と増感色素である Ru 錯体色素の界面の構造や相互作用の内容については明らかになっていない．

図 1.9 は PSC の構造の図解である．DSC の構造を引き継いだナノ構造型（a）のほかに，ペロブスカイト化合物でのキャリアの移動距離が長いことで可能になった平面ヘテロ接合型（b）とその逆構造型（c）がある．ナノ構造型では細孔の中はペロブスカイト化合物のみで占められている．しかも，多孔 TiO_2 層を用いず総表面積が投影面積にほぼ等しい平面ヘテロ接合型でもナノ構造型に近い高い変換効率を示している．PSC では第 5 章に示すようにペロブスカイト化合物自身が正孔を電子とは別の経路で長い距離を輸送し，電極にまで届けることができるためである．高いエネルギー変換効率を示した PSC の多くはナノ構造型であったが [19]，最近の製造技術の急速な進歩で事態は混沌としてきたようである．TiO_2 への $CH_3NH_3PbI_3$ の堆積については，当初は 2 つの前駆体（PbI_2 と CH_3NH_3I）の両方を含む溶液を一度で塗布する方法（one-step 法）が用いられたが制御が難しかった．この問題は，まず PbI_2 を含む溶液を塗布して PbI_2 層を形成し，次いで CH_3NH_3I を含む溶液を塗布して CH_3NH_3I を PbI_2 層に割り込ませる two-step 法で改良された．すなわち，多孔基板が大面積を提供し，その表面に PbI_2 層を形成することにより，PbI_2 層への CH_3NH_3I の割込みが広い面積の PbI_2 表面でなされることを可能にした．ペロブスカイト化合物が TiO_2 上に堆積したときの両者の相互作用や界面の整合性の知見は前者から後者への電子移動の性質の把握と制御にとって重要であるが，いまだ明らかになっていない．

第4章

色素の電子エネルギー準位

増感色素による色素増感現象および関連する写真現象にはすべて基板に接した色素分子のLUMOとHOMOが深く関わっているので，色素のLUMOとHOMOの電子エネルギー準位（それぞれ，ε_{LU}およびε_{HO}）を基板の電子構造との関係において固体物理的観点から捉えることは色素増感の評価にとってきわめて重要である．基板の電子構造，すなわち真空準位を基準にした価電子帯の頂上（valence band maximum：VBM）や伝導帯の底（conduction band minimum：CBM）はすでに固体物理的手法により求められており，本書ではそれらを用いて色素と基板の界面の電子構造を評価する．色素分子の電子エネルギー準位の見積もりの手法には実験的な手法と理論計算（分子軌道法）があり，前者には固体物理的手法によるイオン化エネルギー（I；仕事関数ともよばれる）および電子親和力（E_A）の測定と電気化学的手法による還元電位と酸化電位の測定がよく用いられる．電気化学的手法は孤立した色素分子のHOMOとLUMOの電子エネルギー準位の相対値を得るために用い，基板の電子構造の見積もりに用いることはできない．

増感色素分子は電子構造の観点からは有機半導体に属する．その電子構造と物性値を金属およびバンド構造を有する無機半導体の場合と比較して図4.1に示す．金属と無機半導体ではそれらを構成する原子やイオン間の電子雲の重なりは大きく，電子構造は幅広いバ

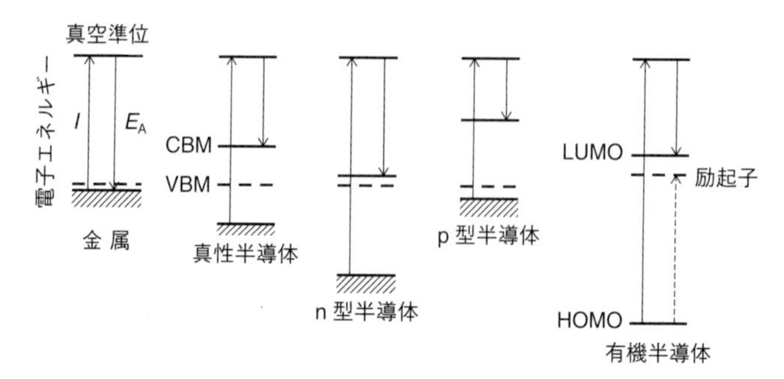

図 4.1　金属，バンド構造を有する半導体（真性，n 型および p 型）および有機半導体の電子構造

ここで CBM および VBM はそれぞれ半導体の伝導帯の底と価電子帯の頂上，LUMO と HOMO はそれぞれ有機分子の最低非占分子軌道と最高被占分子軌道である．ここで上向きの実線の矢印の長さはイオン化エネルギーを，下向きの実線の矢印の長さは電子親和力を，また有機半導体分子の上向きの点線矢印の長さは（4.3）式に相当する遷移エネルギーであり，励起子と示した準位は有機半導体の励起子中の電子のエネルギー準位を示す．

ンドで構成される．一方有機半導体は有機分子で構成され，基底状態では分子間の電子雲の重なりは小さく，電子構造は分子軌道の電子エネルギー準位からなる．金属ではバンド中でフェルミ準位まで電子で埋められ，それ以上は空なので，I と E_A は等しい．無機半導体の場合には，真性半導体では禁制帯中に電子エネルギー準位はないが，n 型半導体では伝導帯より下に電子で占められた準位（ドナー準位）が伝導帯へキャリア（伝導電子）を提供し，p 型半導体では価電子帯より上の空の準位（アクセプター準位）が価電子帯にキャリア（正孔）を提供している．ドナー準位やアクセプター準位は状態密度が低く I や E_A の測定の対象から外すと価電子帯の頂上まで電子で埋められ，禁制帯を隔てて空の伝導帯がある．このため $I>E_A$ となり，その差はバンドギャップとなる．有機半導体で特筆すべきことは，分子間の電子エネルギーの重なりが小さいので，結晶状態や会合体，さらには非晶質や薄膜となって孤立状態と吸収スペクトルが大きく異なっても電子構造に関する分子の個性が維持され，個々の分子軌道の電子エネルギー準位で表すことができることである．

有機分子の場合には I は HOMO と真空準位の電子のエネルギー差であり紫外光電子分光（ultraviolet photoelectron spectroscopy：UPS）で測定することができ，HOMO の電子エネルギー準位の見積もりに用いられる．E_A は LUMO と真空準位の電子のエネルギー差であり，逆光電子分光（inverse photoelectron spectroscopy：IPES）で測定することができ，LUMO の電子エネルギー準位を見積もるのに用いられる．

$$E_A = -\varepsilon_{LU} \tag{4.1}$$

$$I = -\varepsilon_{HO} \tag{4.2}$$

色素の光吸収スペクトルから，HOMO の電子を LUMO へ遷移させ最低励起一重項状態（S_1）を形成するのに要するエネルギー（E_{ex}）が求まる．S_1 は無機および有機半導体における励起子の状態に相当する．

$$E_{ex} = \varepsilon_{LU} - \varepsilon_{HO} \tag{4.3}$$

ただし，(4.1)～(4.3) 式からは $I - E_A$ と E_{ex} が等しくなるはずであるが，実際には前者のほうが後者より大きいことに留意する必要がある．両者が一致しないのは，以下の理由による．すなわち，(4.1) 式で LUMO に注入される電子と (4.2) 式で HOMO に発生する正孔はそれぞれ別々の分子で起こり，互いの相互作用はない．一方，(4.3) 式では LUMO に遷移した電子と HOMO に発生する正孔は同じ分子内に存在していて電子と正孔の間には相互作用がはたらき，互いに安定化されている．その結果安定化されたエネルギー分だけE_{ex}は$I-E_A$より小さくなる．このエネルギー差は半導体中の励起子の結合エネルギー［26］に相当し，図4.1では有機半導体のLUMOに注入された電子と励起子中の電子のエネルギー差となる．すなわち，光吸収でLUMOに励起された電子のエネルギー準位は外部からLUMOに注入された電子に比べて励起子の結合エネルギー分だけ低いことを意味している．AgX粒子上の増感色素の単分子層に生成した励起子の結合エネルギーは～0.2 eVと見積もられた［5］．この結果，AgX粒子上の増感色素の単分子層を光励起しても室温において色素層内で励起子が電子と正孔に解離することは難しいが，LUMOに励起された電子がAgXの伝導帯の底より高い場合には前者から後者への電子移動で励起子が解離することとなる．

光電子分光には大別して2つの方法がある．UPSでは真空中で決まったエネルギーの光を与え，試料から放出される光電子の運動エネルギーを測定してイオン化エネルギーを求める［26］．一方，光電子収量分光では励起光のエネルギーを徐々に増加させて光電子の収量を測定し，光電子収量の立ち上がりの光のエネルギーからイオン化エネルギーを求める．試料を大気中に置いて飛び出してくる電子を酸素に捕獲させ，陽電圧で酸素の負イオン（O_2^-）を試料から測定器中へ取り込むことにより光電子の収量を測定する手法が中島らにより開発され［27］，大気中光電子収量分光（photoelectron yield spectroscopy in air：PYSA）とよばれている．IPESでは決まったエネルギーの電子を試料に照射し，入射した電子がLUMOに落ちる際に発する光のエネルギーから色素の電子親和力を測定する．従来のIPESでは照射する電子のエネルギーが大きく試料の損傷や精度で問題が大きかったが，最近吉田らは低エネルギーの電子を用いたIPES（低エネルギーIPES）を開発して試料の劣化を大幅に改善し，精度も向上させた [28]．低エネルギーIPESの開発は最近であったので，色素増感の研究にはいまだ用いられていない．

電解質溶液に溶解した色素のLUMOとの電子の授受が平衡となる電極の電位が還元電位（E_{R}）であり，HOMOとの電子の授受が平衡になる電位が酸化電位（E_{OX}）である．E_{R} と E_{OX} は I および E_{A} に対応しているが相対値であり，次式で表される [4, 5]．

$$\varepsilon_{\mathrm{LU}} = -E_{\mathrm{R}} + 定数 \tag{4.4}$$

$$\varepsilon_{\mathrm{HO}} = -E_{\mathrm{OX}} + 定数 \tag{4.5}$$

ここで定数は還元あるいは酸化の前後での分子やイオンの溶媒和エネルギーに由来する．

図4.2は還元電位と酸化電位を測定する原理を図解している．基本的には下段に図解されている直流ポーラログラフィー法で試料溶液に電極（還元電位測定の場合には滴下水銀電極，酸化電位を測定する場合には白金電極を用いることが多い）を浸して電流電圧特性を測定する．電流電圧曲線は下段の図のように電圧とともに反応律速状態で電流が増加し，拡散律速となると電流値は一定となる．電極反応が可逆の場合にはイルコビッチ（Ilkovic）の式に従い電流電圧曲線の中点から標準電位（E^0，電極表面で酸化体と還元体の濃度が等しくなる電位であり，還元電位と酸化電位はそれぞれ $\varepsilon_{\mathrm{LU}}$ と $\varepsilon_{\mathrm{HO}}$ に対応する電位である）を求めることができる [4, 5]．しかし，電極反応が不可逆である場合，たとえば電極表面で還元あるいは酸化された分子の濃度が測定中に後続反応で減少する場合には中点は標準電位を与えない．このような問題を解決して標準電位を正しく測定する手法として，図4.2の上段に図解してある位相弁別第2高

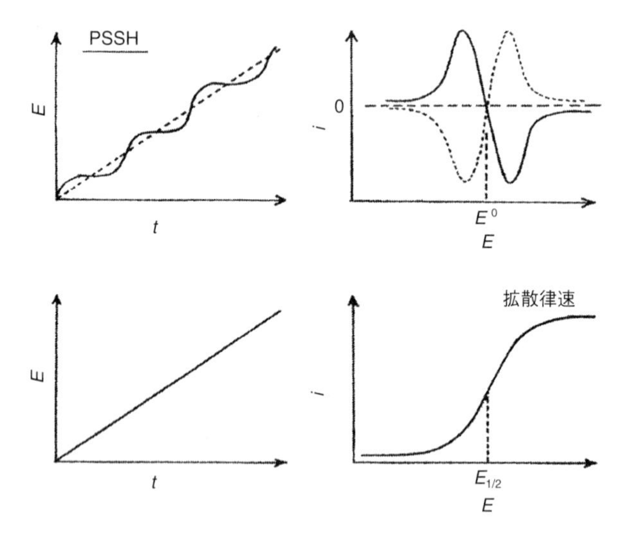

図 4.2　還元電位および酸化電位測定の原理

（下段）直流ポーラログラフィーにおける電圧（E）の時間（t）依存性と電流（i）電圧特性，（上段）位相弁別第2高調波ボルタンメトリーの電圧印加と電流電圧特性．ここで $E_{1/2}$ と E^0 はそれぞれ半波電位と標準電位であり，電極反応が可逆的である（後続反応がない）場合には $E_{1/2}$ は E_0 に等しい．上段右では $i=0$ の電位が E_0 と等しく，交流電圧の周波数が後続反応の時定数を凌駕した場合に相当する．

調波（phase-selective second-harmonic：PSSH）ボルタンメトリー法が銀塩感材の色素増感の研究に採用された［29］．この手法では直流の印加電圧の上に交流電圧を重畳させ，電流はロックイン増幅器で重畳した交流電圧の周波数の2倍の周波数で測定する．電流電圧曲線は微分形となり，直流ポーラロブラフィーの電流電圧曲線の中点はPSSHボルタンメトリーで電流値が0となる点に相当し，交流部分に対応する電流のみを読み取ることとなる．交流電圧の周波数を後続反応の時定数より大きくすることにより，後続反応の影響を受けない電流電圧特性を測定することができる．有機分子の還元電位と酸化電位の測定にはサイクリック・ボルタンメトリーも用いられるが，通常の測定では電極反応の可逆性が考慮されていない．

UPS で測定した結晶性シアニン色素のイオン化エネルギーが HMO 法による分子軌道計算で得られた HOMO の電子エネルギー準位，および溶解した溶液で PSSH ボルタンメトリー法を用いて測定した酸化電位に対して良い直線関係を示すことが確認されている

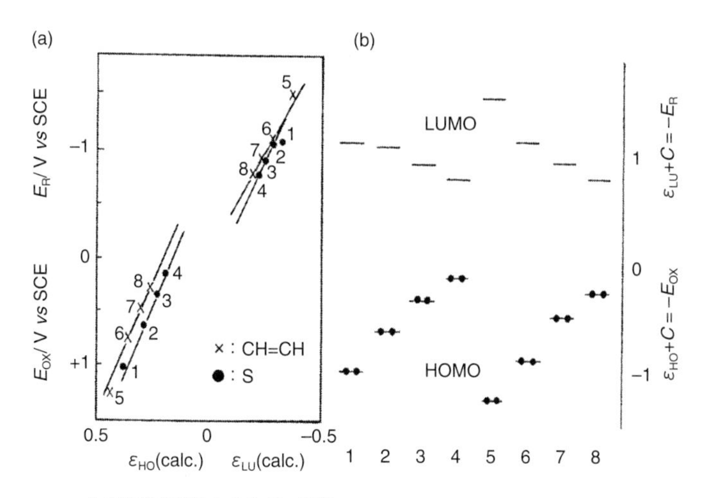

図 4.3　電気化学的手法によるシアニン色素の電子エネルギー準位の見積もり
(a) メチン鎖長が異なる 2,2'-キノシアニン色素群(×)およびチアシアニン色素群（●）の酸化電位（E_{OX}）とヒュッケル近似の分子軌道（HMO）法計算による HOMO の電子エネルギー準位［ε_{HO}(calc.)］および還元電位（E_R）と LUMO の電子エネルギー準位［ε_{LU}(calc.)］の関係．ここで［ε_{HO}(calc.)］と［ε_{LU} (calc.)］はコラム 4 にならって HMO 法における共鳴エネルギー（β）を単位として表した．(b) 式（4.4）および（4.5）に基づく電子エネルギー準位図［4］.

[30]．IPESによる増感色素の電子親和力の測定は，前述のように低エネルギーIPESの開発［28］が最近であったこともあり，銀塩感材の色素増感の研究には用いられなかった．

図4.3(a)はシアニン色素の還元電位と酸化電位を測定し，HMO法により計算したLUMOおよびHOMOの電子エネルギー準位の計算値との間で得られた直線関係を示している［4, 5］．色素の還元電位と酸化電位の測定値を得て（4.4）式および（4.5）式に基づいて作成した色素の電子エネルギー準位図を図4.3(b)に示す．シアニン色素のメチン鎖が長くなるにつれてLUMOは低く，HOMOは高くなり，HOMO–LUMOのエネルギー差（E_{ex}）は小さくなることがわかる．色素の吸収波長をλとすると，E_{ex}はhc/λ（hはプランク定数，cは光速）であるので，この結果はシアニン色素の吸収波長がメチン鎖の長さとともに長くなる事実（図2.2）と符合している．

UPSを用いて測定したAgBr上の色素のLUMOとHOMOの電子エネルギー準位の測定結果を図4.4に示す．関と筆者は共同して，色素とAgBrの相互作用を考慮して，両者の界面の電子構造をUPSで測定した．下地として石英基板上にAgを蒸着して仕事関数（すなわちフェルミ準位と真空準位のエネルギー差）を測定し，測定値が信頼すべき文献値［26］と一致することを確かめて，以下の測定のエネルギー値の基準（縦軸の0）とした．下地の上にはまずAgBrを蒸着して仕事関数（すなわち価電子帯の頂上と真空準位のエネルギー差）を測定し，下地のAgのフェルミ準位を基準にして電子構造を組み立てた．次いで色素を蒸着して仕事関数（すなわちHOMOと真空準位のエネルギー差）を測定し，下地のAgのフェルミ準位を基準にして電子構造を組み立てて図4.4に示す結果を得た[31]．上記の手法では下地のAg蒸着膜のフェルミ準位を基準として電子構造を構築したが，Ag/AgBr/色素のフェルミ準位が一致し

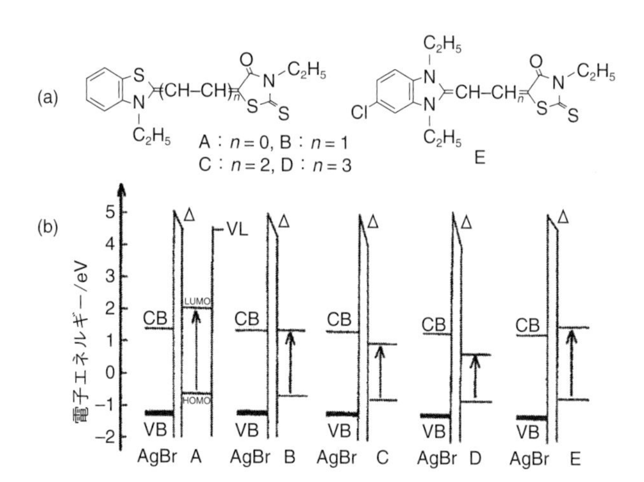

図 4.4　実験に用いた色素（A〜E）の分子構造（a）と UPS で測定した色素/AgBr 界面の電子構造（b）[K. Seki, H. Yanagi, Y. Kobayashi, T. Ohta, T Tani, *Phys. Rev.*, **B49**, 2760 (1994)]
まず Ag を石英基板上に蒸着してフェルミ準位を測定し，以下の一連の測定の基準（縦軸の 0）として用いた．蒸着した Ag の上に AgBr を蒸着して価電子帯の頂上の位置を測定し，さらにその上に色素を蒸着して HOMO のエネルギーの位置を測定した．LUMO は HOMO から色素の光励起エネルギー（矢印の長さ）だけ上に位置するものとした．ここで CB と VB は伝導帯と価電子帯であり，Δ は観測された AgBr と色素の界面での真空準位（VL）のシフト．各色素の矢印の先は色素の励起子中の電子のエネルギー準位を示し，この準位が AgBr の伝導帯の底より高い色素は AgBr への光誘起電子移動，すなわち色素増感が可能であることを示している．

ていたわけではなかった．後述するように，AgBr と色素の界面で電気二重層が形成され，界面で真空準位のシフトが観測されたが，その原因は色素分子内の永久双極子の配向であった．暗所では AgBr 層中にも色素層中にもフェルミ準位を機能させ一致させる電子や正孔が存在しないためと考えられる．色素には蒸着に適したメロシアニン色素を用い，色素の LUMO に励起された電子のエネルギー準位は，色素の吸収スペクトルから遷移エネルギーE_{ex}を求め，(4.3) 式により見積もられ，矢印の先に示されている．すなわち図4.4の矢印の先の電子エネルギー準位は，図4.1の有機半導体の励起子中の電子のエネルギー準位に相当し，この準位がAgBrの伝導帯の底より高い色素では色素の光吸収で色素からAgBrの伝導帯へ光誘起電子移動が起こることを意味している．また外部からこれらの色素のLUMOに注入された電子のエネルギー準位はそれぞれの色素の矢印の先より〜0.2 eV高い．なお，メロシアニン色素はシアニン色素と異なり，AgXに吸着した状態では会合体を形成しない．これらの色素のAgBr粒子乳剤における色素増感能を測定してUPSの結果と対比した．このように，光電子分光の測定値は色素のLUMOとHOMOの電子エネルギー準位を絶対値で示すことができ，AgXの電子構造と色素増感能とを直接比較分析することができた．測定条件は超高真空であり，その条件でAgBr薄膜上に蒸着で堆積できる電気的に中性のメロシアニン色素が用いられている．イオン結晶であるシアニン色素を真空蒸着でAgX上に堆積することは困難であり，なされていない．

色素/AgX界面の電子構造は色素増感の機構の解明に重要な役割を果たした．以下にこの観点から色素/AgX界面の電子構造に関して2点考察する．第1点は以下のとおりである．メチン鎖が大きく異なり吸収が可視域全体にまたがるシアニン色素結晶のイオン化エネルギー [30] や図4.4のAgBr蒸着膜上の蒸着色素膜のイオン化エネルギー [31] は4.7〜5.6 eVの範囲にある．これらの測定値はTereninらが測定した真空中の色素分子のイオン化エネルギー (〜7 eV) [32] より著しく小さかった．このようなイオン化エネルギーの大きな相違は以下のように説明され，色素増感の機構の解明に貢献した．

すでに1957年に有機半導体の有機分子のイオン化エネルギーはUPSにより測定されており，真空中の孤立分子状態の有機分子より結晶中の有機分子のほうが小さいことがわかっていた [33]. Lyonsは結晶中の有機半導体分子のイオン化の際には各格子点の分子が分極率に応じて分極することを考慮して両者の相違を定量的に説明した．しかし，この知見は色素増感の機構の議論には取り入れられていなかった．色素増感に与る増感色素は結晶状態ではなく単量体の分子状態であり，単量体でも色素増感をひき起こすことが考慮されたためであった．筆者は増感色素分子のイオン化の過程を以下のように考えた．すなわち，イオン化は飛び出していく電子と残された正電荷のクーロン引力に抗してなされる．増感色素分子が固相の媒体に囲まれていると媒体が分極して正電荷を遮蔽するのでクーロン引力は弱くなり，イオン化が容易となり，イオン化エネルギーは小さくなる [4, 5, 34].

イオン化で分子中に残された正電荷は+1価でHOMOの範囲に拡がっているが，それと同等の効果を有する球状の正電荷の半径をrとし，固体媒体の誘電率をDとすると，媒体中の分子のイオン化エネルギーI(solid) は真空中での値 I(vac) に対して

$$I(\mathrm{solid}) = I(\mathrm{vac}) - \frac{(1-(1/D))e^2}{2r} \tag{4.6}$$

で与えられる．同様にして電子注入で分子中に拡がる負電荷はLUMOの範囲に拡がっているが，それと同等の効果を有する球状の負電荷の半径をr'とすると，固体媒体中の分子の電子親和力E_A(solid) は真空中での値E_A(vac) に対して

$$E_\mathrm{A}(\mathrm{solid}) = E_\mathrm{A}(\mathrm{vac}) + \frac{(1-(1/D))e^2}{2r'} \tag{4.7}$$

で与えられる．I(vac)$-I$(solid) が種々の色素分子で (4.6) 式に従

い計算され，1.5〜2.0 eV と見積もられた．この結果は，同じ見積もり手法で多くの芳香族炭化水素の真空中孤立分子状態と結晶状態のイオン化エネルギーの差を定量的に説明できることが確認され検証された．したがって，上記の考察から（4.6）と（4.7）式は色素結晶［30］のみならず，図 4.4 に示される非晶質蒸着膜中の色素分子［31］および乳剤中の AgX 粒子上の孤立および会合色素分子へ適用することができることがわかる．したがって，写真乳剤中の AgX 粒子上の増感色素のイオン化エネルギーは 5〜5.5 eV となり，色素分子中の励起電子のエネルギー準位は AgBr の伝導帯の底である −3.5 eV より高くなり，色素増感の電子移動機構はエネルギー的に可能であることがわかった．

色素増感の機構に関して注目すべき第2点目は図 4.4 に見られる．それは色素と AgBr の界面で真空準位がシフトしていることである．このシフトが起こっていないと実験したすべての色素で HOMO から LUMO へ励起された電子は AgBr の伝導帯の底より高く色素増感能を有することとなり，事実と合わない．多くの色素で固相状態のイオン化エネルギーから HOMO–LUMO 遷移のエネルギーを差し引いて見積もられる励起電子のエネルギー準位が AgX の伝導帯の底より高くなり，色素増感が可能であるとの予測が報告され［35］，問題となっていた．この問題は色素/AgX 界面での真空準位のシフトを考慮することにより解明された．このように基板と有機物の界面で真空準位がシフトすることは，銀塩感材の色素増感の機構の研究で初めて明らかになった．その後，有機化合物と基板の界面での真空準位のシフトは関らによるさらなる精力的な研究により究明され，有機半導体の分野で重要な概念となった．そのなかで真空準位をシフトさせる原因が調べられ，多岐にわたることが明らかになった［26］．それらのなかには有機物と基板のフェルミ準位の一致化，push-back 効果（基板が金属の場合には金属表面から浸み出した電子を有機物が押し戻す効果），有機物と基板の化学的相互作用などがある．図 4.4 での真空準位のシフトの原因は，色素分子がもつ永久双極子が AgBr 表面に揃って配向するためであった [36].

このように色素の LUMO と HOMO の電子エネルギー準位の見積もりには分子軌道法の計算，光電子分光法および電気化学的手法が用いられてきた．分子軌道計算は電気化学や光電子分光の測定結果の裏づけを行い，これらの結果の意味づけや重要性を高めるのに役立ち，構造が類似する色素群の LUMO と HOMO の電子エネルギー準位の比較を行うのに有効であった．光電子分光はイオン化エネルギーとして HOMO の電子エネルギー準位の絶対値を与えるので，これを用いて図 4.4 に示したような基本的な知見を得ることができた．しかしながら超高真空で稼働する大きな装置を必要とし，測定に時間を要し，光電子スペクトルからイオン化エネルギーを読み取る手法の理論的裏づけは乏しく，銀塩感材の増感色素への適用に関する実用的な価値は以下のような理由で電気化学的手法に譲ることとなった [4, 5].

銀塩感材の増感色素のほとんどは基本的な構造が共通のシアニン色素であり，フロンティア分子軌道（HOMO と LUMO）に関わる物性値は大きく変化させることができるが，構造についてもその他の性質は似通っている．電気化学的手法で得られるのは溶液中の孤立状態の色素分子の LUMO と HOMO の電子エネルギー準位の相対値であるが，上記のような一群のシアニン色素の LUMO の電子エネルギー準位の序列を定量的に定めることができた．さらに，これらの色素から AgX 粒子への光誘起電子移動の効率を求めることができ，両者を突き合わせることにより絶対値に関する知見を得ることができた．電気化学的手法はまた大気中で扱う小さな装置で短時間に多くの色素の還元電位と酸化電位を測定することができ，PSSHボルタンメトリー法で電極反応の可逆性の補正を行った正しい値を再現性良く得ることができた．AgX粒子上の増感色素分子は互いの電子雲の重なりが小さく電子的に個々の性質を保持しているので，溶液中で互いに孤立している色素分子の電子エネルギー準位の知見は有用であった．また，膨大な数の増感色素が合成され検討されるなかで，それらの色素のLUMOとHOMOの電子エネルギー準位を速やかに評価するために，終始電気化学的な手法が用いられることとなった．

電気化学的測定法にはサイクリック・ボルタンメトリー（CV）法があるが，銀塩感材の増感色素の電子エネルギー準位の評価に用いられることはほとんどなかった．DSC用増感色素や有機半導体の電子エネルギー準位には用いられている．筆者の経験ではPSSH法を用いた電気化学的手法の完成度は精度，再現性，実用性などの観点から十分に高いと考えている．PSCに用いられているペロブス

コラム8

励起子の結合エネルギーと電荷分離

半導体を光で励起してまず生成するのは自由な電子と正孔ではなく，互いにクーロン力で束縛しあった励起子とよばれる状態である．一般に無機半導体は誘電率が大きいので電子と正孔の間にはたらく引力は弱く，励起子は複数の格子にわたって拡がっており，ワニエ（Wannier）励起子とよばれる．有機半導体では誘電率が小さいために電子と正孔の間の引力は強く，両者間の距離は短くなり，実質的には有機半導体を構成する分子の一つに閉じ込められた状態，すなわち最低励起一重項状態（S_1）となる．このような状態はフレンケル

カイト化合物の電子構造は実質的に無機半導体であるので電気化学的な手法を適用することはできず，光電子分光が必須である．半導体であるので測定の対象はペロブスカイト化合物の伝導帯の底と価電子帯の頂上の電子エネルギー準位となる．また，ペロブスカイト化合物が半導体なので，フェルミ準位の高さや基板とのフェルミ準位の一致化に伴う電子移動の影響などを見極めなければならない．

図 4.1 に示したように，有機半導体である銀塩感材および DSC の増感色素では励起子の結合エネルギーが大きいので，HOMO から LUMO へ励起された電子は外部から LUMO に注入されて存在する電子よりエネルギー準位が低く，色素層内で励起子は電子と正孔に解離することはできない．一方ペロブスカイト化合物は誘電率が大きいのでその中に生成した励起子は結合エネルギーが小さく [51]，光吸収で伝導帯の底へ励起された電子と伝導帯の底の電子のエネルギー準位はほぼ等しく，励起子はペロブスカイト化合物層内で室温でただちに電子と正孔に解離する点が銀塩感材や DSC と異なる．

（Frenkel）励起子とよばれている．AgX 粒子表面で色素増感に与る J 会合体を形成したシアニン色素単分子層中の S_1 はフレンケル励起子に相当する．図 1 にはフレンケル励起子と自由な電子と正孔の対およびそれらのエネルギー準位を示す．励起子は自由な電子正孔対より安定であり，自由な電子正孔対とのエネルギー差は励起子の結合エネルギーとよばれている．電子と正孔の間にはたらくクーロン引力は周囲の誘電率が大きいほど小さくなる．したがって，結合エネルギーは半導体の誘電率が大きいほど小さくなるので誘電率が大きい無機半導体では小さく（Si，GaAs および AgBr でそれぞれ 0.0147，0.042 および 0.022 eV），光吸収で励起子が生成しても室温では速やかに解離して自由な電

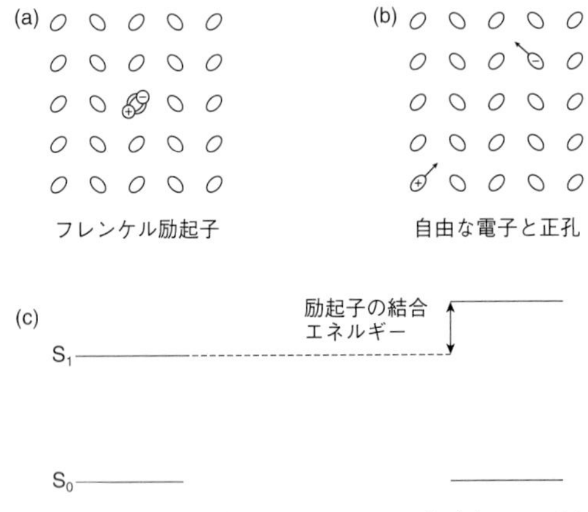

図1　フレンケル励起子（a），自由な電子と正孔（b）およびそれらのエネルギー状態（c）

子と正孔となる．しかし，有機半導体では誘電率が小さいので励起子の結合エネルギーは大きく（≧0.4 eV），室温で自由な電子と正孔に解離することは困難である．

銀塩感材で AgX 粒子上に吸着している増感色素の片側は高誘電率の AgX に接しており，もう一方は低誘電率の有機物（ゼラチン）に接している．そこに発生する励起子の結合エネルギーは無機半導体中と有機分子中の励起子の結合エネルギーの中間であると予測される．実際に見積もられた励起子の結合エネルギーは図 5.4 に見られるように両者の中間（約 0.2 eV）であった．しかしながら，依然として励起子の結合エネルギーは室温で速やかに解離できるほど小さくはない．有機半導体で励起子を解離させ自由な電子と正孔を生み出す（電荷分離させる）技術は図2に示すようなヘテロ接合であり，有機半導体D（ドナー）の励起子中の電子のイオン化エネルギーより大きい電子親和力をもつ半導体A（アクセプター）を接合させることにより，電子はAに移動し正孔はDに残って電荷分離を実現している．銀塩感材の色素増感はDとAがそれぞれ増感色素とAgX粒子に対応するヘテロ接合での光誘起電荷分離に対応するものと考えられる．

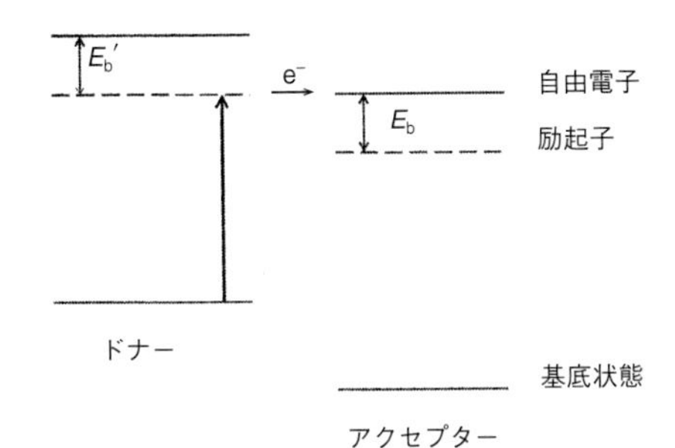

図2　ヘテロ接合による電荷分離

E_bとE_b'はそれぞれアクセプターとドナーの励起子の結合エネルギー．

【参考資料】

谷 忠昭，『有機半導体の基盤と原理』井口洋夫 監，丸善出版（2014）．

第5章

色素増感の機構と性能

5.1　色素増感の機構の変遷

現在では色素増感は電子移動機構によってひき起こされているものと考えられており，それは自明のことと受け止められている．しかしながらこの結論は，エネルギー移動機構との間で長年繰り広げられた論争の末に到達したものであった．論争の展開は増感色素とAgXの界面の電子構造の解明の進展とともに織りなすものであり，色素増感の機構の解説の初めに記述することにより色素増感の機構への興味を増し，深い理解へと導くものと考えられる．

色素増感は1873年にVogelにより発見された［2］．写真科学の議論の遡上に上った初めての色素増感の機構が“電子移動機構”であり，1938年にGurneyとMottにより銀塩感材の感光機構（ガーニー・モット（Gurney–Mott）機構）の一環として提案された［37］．ガーニー・モット機構はその後の銀塩感材の感光機構の土台となったものであり，銀塩感材の理解を深めるために役立つと考えられるので，色素増感の電子移動機構の解説に先立ち，銀塩感材の感光機構を紹介することとする．

取り上げるべき最初の感光機構は1925年にSheppardによって提案された［4–6］．彼はハロゲン化銀（AgX）粒子表面に硫化銀（Ag_2S）核を形成すると写真感度が増加する現象（硫黄増感）を発見していた．彼は Ag_2S が Ag のクラスターを安定化させるものと考えた．AgX 粒子は光子を吸収して Ag 原子を生成し，Ag 原子は AgX 粒子中を移動して Ag_2S 核のところに集まり，Ag_2S 核により安定化されて Ag のクラスター（すなわち潜像中心）を形成すると考えた．この機構には固体物理の知識がまだ導入されていなかったが，潜像という概念が導入され，Ag 原子が集まって Ag クラスター（潜像中心）を形成することが重要であるという考え方（集中原理とよばれる）が取り入れられていた．

その後固体物理が進歩して写真科学の分野に浸透し，AgX の物性が明らかになってきた．AgX はバンドギャップが大きい（AgBr で ～2.5 eV）ので，暗所では価電子帯は電子で占有され，伝導帯には電子は存在しない．光子を吸収すると価電子帯の電子が伝導帯へ遷移し，価電子帯には正孔が残る．伝導帯の電子は AgX 粒子中を移動することができる．しかしながら，正孔が移動できるかどうかは当時はわかっていなかった．一方 AgX 中には格子の銀イオンの一部が格子間へ飛び出して格子間銀イオンとなり，飛び出した跡には銀イオン空位が生成する．格子間銀イオンと銀イオン空位は AgX 粒子中を移動できることがわかっていた．これらの知見をもとにして 1938 年にガーニー・モット機構が提案された [37]．すなわち，AgX 粒子の光吸収で伝導帯に電子が生成し，電子は粒子中を移動して Ag_2S 核に捕獲される．捕獲された電子には格子間銀イオンが移動してきて結合し，Ag クラスター（すなわち潜像中心）を形成する．正孔が移動できると捕獲された電子のところに移動してきて再結合することが懸念されるが，正孔は粒子中を移動できないものと仮定された．

上記の感光機構に基づき，Gurney と Mott は色素増感の機構として図 1.6 および図 5.1(a) に図解する電子移動機構を提案した [37]．

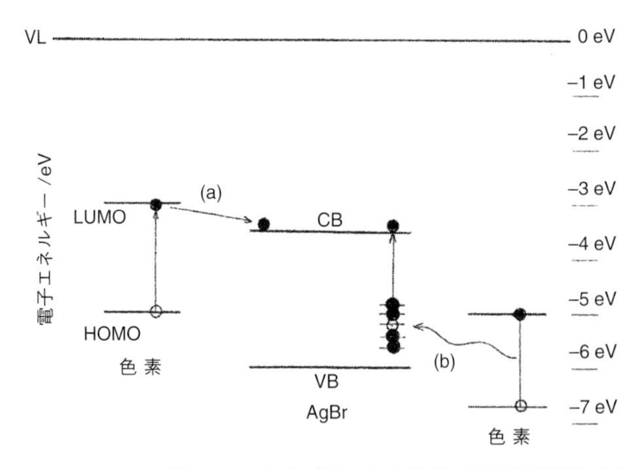

図 5.1　AgX 粒子を基板とした銀塩感材の色素増感の電子移動機構（a）とエネルギー移動機構（b）
LUMO と HOMO はそれぞれ色素の最低非占分子軌道と最高被占分子軌道，CB と VB はそれぞれ AgBr の伝導帯と価電子帯，VL は真空準位．

色素分子が光子を吸収すると電子が HOMO から LUMO へ励起され，励起された電子は AgX の伝導帯へと移動する．当時増感色素と AgX の界面の電子構造はわかっていなかったが，増感色素中で LUMO へ光励起された電子は AgX 粒子の伝導帯の底（CBM）より高く，電子移動はエネルギー的に可能であるものと仮定された．AgX 粒子の伝導帯に移動した電子は，AgX 粒子の光吸収で伝導帯に生成した電子と同様に振る舞い，Ag_2S 核に捕獲され，移動してきた格子間銀イオンと反応してそこで潜像中心を形成する．

その後増感色素の電子エネルギー準位の見積もりがなされるようになった．分子軌道理論の草分けで『分子結合論』を著した Coulson は，増感色素の光吸収で HOMO から LUMO へ励起された電子のエネルギー準位が AgX の伝導帯の底よりはるかに低く，AgX への電子移動は起こりえないと結論した．増感色素の HOMO の電子は真空準位より ～7 eV 下にあり，緑色光のエネルギーを得ても真空準位下 ～4.5 eV となり，真空準位下 3.5 eV に位置する AgX の伝導帯の底には届かないことになる．Mott は Coulson の見積もりを受け入れ，1948 年に色素増感の機構として電子移動機構を取り下げ，図 5.1(b) に図解してあるエネルギー移動機構を提案した [38]．すなわち，色素が光から受け取ったエネルギーはフェルスター（Förster）の共鳴伝達機構（コラム 9 参照）によって AgX の禁制帯中の電子に伝えられ，その電子が AgX の伝導帯へ遷移する．

その後エネルギー移動機構は当該分野の有力な研究者に支持され，長く学会で優勢であった．Coulson の見積もりは分子軌道理論に基づくものであり，見積もられた増感色素のイオン化エネルギーは真空中での値である．光電子分光の第一人者であった Terenin らは真空中の増感色素のイオン化エネルギーを測定して Coulson の見積もりを裏づけ，エネルギー移動機構を支持した [32]．Kuhn らはラングミュア・ブロジェット（LB）膜を用いた研究の一環として AgX の色素増感のエネルギー移動機構の検証に取り組んだ．彼らは AgBr 単結晶と増感色素の LB 膜の間に脂肪酸塩の LB 膜を挿入し，AgBr と色素の間の距離を制御して色素増感が起こるかどうかを調べた．その結果色素層と AgBr 単結晶の距離が 5 nm でも色素増感が起こることを観測した．5 nm では電子移動は起こりえないが，エネルギー移動はフェルスターの共鳴伝達機構で可能であることがわかっていた（コラム 9 参照）ので，この結果自身は電子移動を否定するものではないが，色素増感が実際にエネルギー移動でも起こることを示したものとして，多くの研究者の関心を集めた [39]．

筆者はこのような状況にあった色素増感分野の研究に取り組み始

め，強い違和感を覚えた．増感色素の電子エネルギー準位の見積もりに問題があり，それはイオン化エネルギーの見積もりに由来すると考えた．前章で記したように，色素分子のイオン化エネルギーは真空中より固体媒体中のほうが著しく小さく，固体媒体は色素結晶のみならず色素の非晶質膜中や AgX とゼラチンに囲まれた AgX 粒子表面上の孤立色素分子にも当てはまる．したがって，AgX 粒子に吸着した孤立色素分子でも光吸収で HOMO から LUMO へ励起された電子は AgX 粒子の伝導帯の底より高く，色素増感の電子移動機構が可能であることがわかった．後述するように実際の銀塩感材での色素増感が電子移動機構で起こっていることは，色素増感の効率が色素分子中の励起電子と AgX 粒子の伝導帯の底のエネルギー差に明瞭に依存することから明らかになってきた [4, 5, 40]．

電子移動機構には別の問題が存在した．AgBr の伝導帯の底は真空準位から 3.5 eV 下にある（図 5.1）．したがって，色素のイオン化エネルギーから励起エネルギー（HOMO と LUMO の電子エネルギー準位差）を引いた値が 3.5 eV より小さければ励起色素から AgBr への電子移動が可能であり，色素増感は可能である．このような判定基準で色素結晶あるいは非晶質膜のイオン化エネルギーをもとにして調べると，ほとんどの色素が色素増感の能力を有するものと判定され [35]，実際とは合致しなかった．この問題は以下に示すように，色素と AgBr が接したときの相互作用を考慮することにより解明された．

図 4.4 の結果は，励起電子が AgBr の伝導帯の底より高い場合（色素 A，B および E）には色素増感が強く起こり，伝導帯の底より低い場合（色素 C および D）には色素増感はほとんど起こらなかったことを示しており，色素の増感能と電子構造が対応することを初めて実験的に確認したものであった．このように，従来の研究

コラム 9

エネルギー移動

ドナーの励起状態（D*）からアクセプター（A）へのエネルギー移動について，図に基づいて以下に解説する．D* から A へのエネルギー移動には，空間における電子の振動電場を介して起きる双極子–双極子相互作用（共鳴機構）と，電子軌道の重なりを必要とする電子交換相互作用（軌道重なり機構）がある．これらはそれぞれ Förster［1］と Dexter［2］が展開したので，フェルスター型エネルギー移動およびデクスター（Dexter）型エネルギー移動とよばれる．前者においては D* と A の相互作用は軌道の重なりを含まず，それらの双極子電場の重なりによる場と場の相互作用であり，何もない空間や分子で満たされた空間を通して起きる．一方後者では軌道の重なりを必要とし，D* と A の間で電子を交換する．

電子の振動電場を介する双極子–双極子相互作用を支配している D* の振動電場は，分子のすべての電子を分子骨格のある軸にそった振動を起こす調和振動子と考え，したがって D* の周りの空間に振動する電場を生み出すと考える

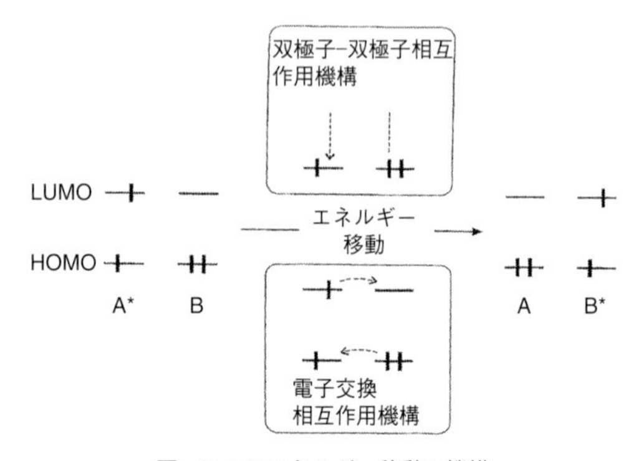

図　2つのエネルギー移動の機構

ことができる．すなわち，電波送信アンテナ D* の振動電場に共鳴する電波受信アンテナ A と見なすことができる．D* の電子の双極子電荷振動は周囲の分子の振動を誘起し，その分子の基底状態の電子系の励起を誘起する．したがって，大きな双極子モーメントをもち，かつスピン多重度が保存される遷移にのみ起こりうる．この観点から，電子の振動電場を介する双極子–双極子機構は一重項–一重項エネルギー移動のみで起こりうるものであり，D* の T_1 から S_0 への遷移に基づくりん光および A の S_0 から S_1 への遷移に基づく吸収はともに，遷移双極子が小さく除外される．

電子の振動電場を介する双極子–双極子相互作用の速度は D* と A の距離 R_{DA} の 6 乗に逆比例するが，電子交換相互作用の速度は指数関数的に減少するので，両者を区別するよい基準となる．$R_{DA}<1$ nm ではどちらの機構でもエネルギー移動速度は D* の失活速度より十分に速いので，どちらも起こりうると考えられる．$R_{DA}>1$ nm では双極子–双極子相互作用の減衰は，電子交換相互作用による減衰より緩やかである．$R_{DA}>3\sim5$ nm では電子交換によるエネルギー移動はほとんど起こらないが，双極子–双極子相互作用のエネルギー速度は D* の失活と拮抗し，エネルギー移動が起こりうる．

5.1 節で記したように，Kuhn らは上記のエネルギー移動の機構に基づき，LB 膜の技術を用いて色素増感のエネルギー移動機構を検証した．彼らは増感色素と AgBr 単結晶の間に脂肪酸塩の LB 膜を置いて距離を制御し，フェルスター型エネルギー移動は起こりうるが電子移動は起こりえない 5 nm の距離でも色素増感が起こることを観測した．AgX は結晶性が高く，AgX 粒子は結晶状態であるので，上記のエネルギー移動機構は AgX 粒子表面に吸着した増感色素層内の色素の励起状態の移動にも当てはまる．AgX 表面上の増感色素は J 会合体の島を形成しており，(111) 面上では光励起で誘起される双極子の方向が異なる 3 種類の J 会合体が存在する．J 会合体の島から島へのエネルギー移動は J 会合体が発光する際の双極子の方向が吸収の際とは異なることで確認することができ，100 フェムト秒 (fs) で起こることが観測された [3]．AgX 表面には励起状態の色素が AgX の伝導帯への電子注入を起こしやすいサイトがあると考えられており，増感色素の励起状態はこのように移動することで，そのようなサイトにたどりつきやすくなるものと考えられる．

とは異なり色素の増感能と電子構造の一致が観測できるようになった理由を調べると，AgBrと色素の真空準位が界面でシフトしている（図ではすべての色素の真空準位がAgBrに比べて下になった）ことに由来した．界面の真空準位のシフトは色素とAgBrの相互作用を反映するものであり，これを考慮しないと従来の知見［35］のとおり実験に用いたすべての色素の励起電子はAgBrの伝導帯の底より高く見積もられて実際の色素増感能とは合わないことになる．

上記のように，銀塩感材の色素増感は電子移動機構もエネルギー移動機構も可能であることがわかった．実際の系で色素増感がどちらの機構で起こっているかは，その系でのそれぞれの機構による色素増感の効率に依存する．KuhnらはAgXと増感色素が離れた状態でエネルギー移動機構によってのみ色素増感が起こることをLB膜を用いて示したが，色素がAgXにじかに接触した状態では電子移動機構の速度がエネルギー移動の速度にはるかに優ることを確認した［41］．後述するように，筆者らはAgBr粒子を対象にした色素増感の効率が光励起された電子とAgBrの伝導帯の底のエネルギー準位の相対的な関係に急峻に依存することを確認し，実際の系では電子移動機構が支配的であることを検証した［40］．

【参考文献】
[1] T. Förster, "Fluorenzene Organische Verbindungen", Vandenhoech and Ruprechy (1951).
[2] D. L. Dexter, *J. Chem. Phys.*, **21**, 836 (1953).
[3] J.-W. Oh, *et al.*, *Chem. Phys. Lett.*, **352**, 357 (2002).

さらなる研究で色素増感における電子移動の詳細が明らかになっていった．コラム 10 に示すように，色素は光励起されると最低励起一重項状態（S_1）となり，そこで反応を起こすか系間交差により最低励起三重項状態（T_1）へと変化する．銀塩感材の色素増感は色素の S_1 から起こり，T_1 は関与しない [5]．電子移動の速度は ～100 fs である [5]．AgX/色素の電子構造が必要条件を満たす場合には，電子移動の効率は 100% となる [40]．色素層に発生した励起子は結合エネルギー（コラム 8 参照）が大きく（後に詳しく述べるように ～0.2 eV），色素層内で電子と正孔に電荷分離することは困難であるが，AgX の伝導帯が電荷分離を手助けすることとなる．すなわち，色素分子中で光により LUMO へ励起された電子はさらに 0.2 eV ほどのエネルギーが与えられないと HOMO の正孔の束縛から逃れて自由に振る舞うことはできないが，LUMO の励起電子はそのエネルギー準位が AgX の伝導帯の底より高い場合には AgX の伝導帯へ移動し，正孔による束縛を免れて自由に振る舞うことができるようになる．

DSC の場合も銀塩感材と同様に基板（TiO_2）表面に色素が単分子層で吸着しているので，銀塩感材の色素増感の電子移動機構の特徴は DSC に受け継がれ，光励起された増感色素と TiO_2 の界面での

コラム 10

光化学過程と重原子効果

色素増感は有機分子の光化学過程の一環であるので，その機構は以下に記す有機分子の光化学の基礎過程に基づいている．有機分子の基底状態（S_0），最低励起一重項状態（S_1）および最低励起三重項状態（T_1）の電子状態と電子スピン状態を図に示す．増感色素は光吸収で励起されると S_0 から S_1 へと遷移する．色素増感では増感色素分子の S_1 はエネルギー緩和か反応（AgX 粒子への電子移動）によってエネルギーを失う．エネルギー緩和の過程には輻射過程と無輻射過程がある．蛍光は S_1 から S_0 への緩和に伴う発光である．基底状態への無輻射過程では，S_1 のエネルギーは色素分子の周囲へ熱として逸散する．この過程は内部転換（internal conversion）とよばれる．

光化学過程で重要な無輻射過程は S_1 から T_1 への遷移であり，系間交差とよばれる．この過程は図にみられるように電子スピンの反転を伴う．S_1 に比べて T_1 のほうがエネルギーが低いのは，フント（Hund）の規則（スピン多重度の高い状態はスピン多重度が低い状態よりエネルギーが低い）に基づいている．スピン多重度が等しい状態間の遷移は許容遷移とよばれ，非常に起こりやすい．一方スピン多重度が異なる状態間の遷移は禁制遷移とよばれ，非常に起こり難い．状態間の摂動により許容遷移の特性を付与された禁制遷移は部分的に許容される．S_1 から T_1 への系間交差のようにスピン反転を伴う禁制遷移は，電子のスピン運動と軌道運動の結合（相互作用）によりひき起こされる．この

高効率の電荷分離の実現を可能にした．DSC でも同様に～100 fs の速い電子移動が S_1 から TiO_2 の伝導帯へと起こるが，かなりの色素分子で ～100 fs の時間に S_1 から最低励起三重項状態（T_1）へ系間交差し，T_1 から ～100 ps で TiO_2 の伝導帯へ電子注入を行うことがわかった [10]．DSC の増感色素には Ru が含まれているので，Ru による重原子効果で S_1 から T_1 への系間交差が促進されたためと考

摂動はスピン軌道相互作用とよばれ，系間交差の最も重要な原因となっている．このスピン軌道相互作用は重原子によって増強されるので，重原子効果とよばれる．

銀塩感材の色素増感は増感色素の S_1 から起こる．S_1 からの電子移動が速く T_1 への系間交差が遅いためである．DSC では S_1 から TiO_2 の伝導帯への電子移動に加えて T_1 への系間交差が起こる．DSC 用増感色素には重原子（Ru）が含まれていて重原子効果がはたらいたためと考えられる．

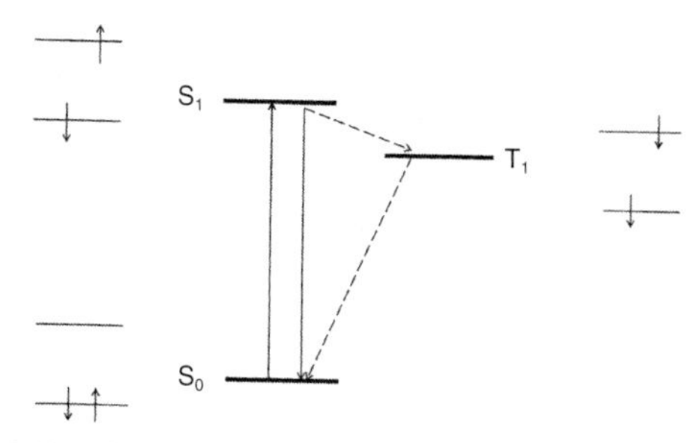

図　基底状態（S_0），最低励起一重項状態（S_1）および最低励起三重項状態（T_1）

上向きの実線の矢印は光吸収による遷移，下向きの実線の矢印は内部転換で許容，斜め下向きの破線の矢印は系間交差で禁制．

えられる．

色素増感の電子移動機構は DSC から PSC へと引き継がれた．しかしながら，銀塩感材と DSC では増感色素は分子状態であるが，PSC では増感色素に代わるペロブスカイト化合物は半導体である．銀塩感材でも Ag_2S や PbO のような無機半導体により AgX 粒子の感光波長領域を長波長に伸ばす現象は報告されていたが，優れた半

コラム11

光化学の第一および第二法則

色素増感は光化学反応の一環である．光化学反応には基本的な法則があるので，それらの法則に照らして色素増感の過程を見ておくことは有意義であろう．

1817年にGrotthusは，系によって吸収された光のみが化学反応を起こすという法則を提唱した．この研究は当時注目されなかったが，約四半世紀後にDraperがいくつかの光化学反応を研究して同じ考え方を発表した．後にこれら二人の提唱を合わせて，物質によって吸収された光のみが光化学反応をひき起こすという考え方をGrotthus–Draperの法則，あるいは光化学の第一法則とよぶようになった．色素増感を施していないAgX粒子はAgX粒子が吸収することができる波長の光によってのみ感光し，粒子表面に潜像中心を形成する．色素増感を施すと増感色素の光吸収によっても同様にAgX粒子上に潜像中心が形成される現象が色素増感である．この場合には，増感色素の光吸収による励起色素の形成，励起色素からのAgX粒子への電子移動および移動した電子

導体材料を見出すことはできなかった．PSCではペロブスカイト化合物という優れた半導体を得て大きく飛躍することができた．ペロブスカイト化合物からTiO_2への電子移動の内部量子収率は1となっている．PSCで励起された$CH_3NH_3PbI_3$からTiO_2への電子移動は1 ps以内に起こる［11］．

5.2　電子移動の量子効率

色素増感では光で増感色素中に励起された電子が基板の伝導帯へ

と可動性 Ag イオンによる潜像中心の形成という一連の光化学反応に対する光化学の第一法則となる.

1908 年には Stark は, 反応が開始されるには反応を開始する分子に 1 個の光子が吸収されるという考えを提唱した. 1912 年には Einstein も同様の概念を発表した. このように 1 個の分子や原子は一度に 1 個の光子を吸収するという法則はアインシュタイン・スターク (Einstein–Stark) の法則, あるいは光化学の第二法則とよばれている. 色素増感では AgX 粒子が 1 個の光子を吸収すると 1 個の電子を生成する. 増感色素分子が 1 個の光子を吸収すると 1 個の電子を AgX 粒子へ注入する. 増感色素分子を吸着した AgX 粒子では, AgX の光吸収で生成した電子も増感色素分子の光吸収で注入された電子も同じように振る舞い, 同じ効率で粒子上に潜像中心を形成する. これは光化学の第二法則に基づく現象である. なお, 図 5.10 に示す現象, すなわち 1 光子で 2 個の電子を AgX の伝導帯に発生させる二電子増感も, 1 個が励起色素分子中の励起電子の AgX への移動により, またもう 1 個が正孔がひき起こす反応で発生する活性種から AgX への電子移動によるので, 光化学の第二法則に準拠している.

移動する現象であるので, 電子移動の量子効率 (励起電子のうちで基板へ移動したものの割合) を高めることが重要である. 電子移動の量子効率は増感色素と基板との界面の電子構造に依存し, とくにエネルギーギャップをもとにして評価される. 銀塩感材の色素増感のエネルギーギャップ依存性は図 5.1 に図解した励起色素分子と AgX の電子エネルギー準位図に基づいて調べられた [4, 5, 40]. 増感色素が光を吸収すると電子が HOMO から LUMO に励起され, 励起された電子が AgX の伝導帯へ移動するので, 色素の励起電子と AgX の伝導帯の底のエネルギー差 ΔE をエネルギーギャップとす

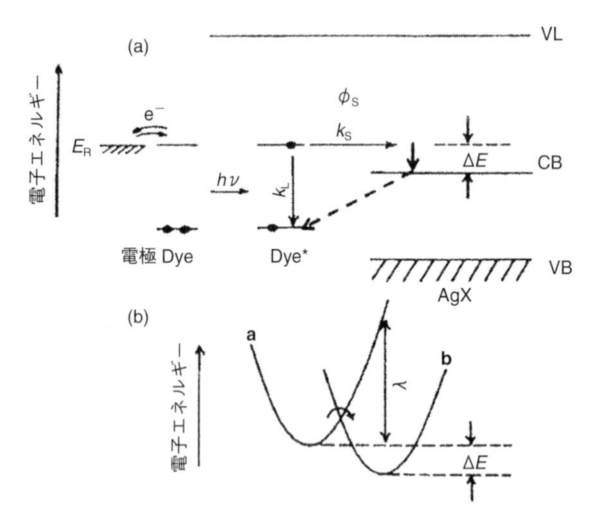

図 5.2　銀塩感材の色素増感過程のエネルギーギャップ ΔE 依存性

(a) は色素増感の電子移動過程．ϕ_S と k_S は電子移動の効率と速度，k_L は励起色素の失活過程の速度，CB と VB は AgX の伝導帯と価電子帯，ΔE はエネルギーギャップ，VL は真空準位，ΔE は色素（Dye）の LUMO の電子エネルギーと AgX の伝導帯（CB）の底のエネルギー準位差であり，ここでは後者に同じ AgX 粒子を用い，前者の相対値として色素の還元電位（E_R）を用いた．(b) はマーカス理論に基づきポテンシャルエネルギー曲線で表した色素増感の電子移動過程．**a** と **b** は電子移動前と後のポテンシャルエネルギー曲線，λ は再配向エネルギーである．

る．図 5.2(b) はこの電子移動にマーカス（Marcus）理論［42］を適用したものであり，λ は再配向エネルギーである．コラム 12 に示すようにマーカス理論は観測される ΔE 依存性から電子移動の特徴を明らかにすることを可能にするものである．

AgX の価電子帯の頂上の電子エネルギー準位が光電子分光で測定され，AgX の吸収スペクトルからバンドギャップが求まり，伝導帯の底のエネルギーの位置が求められている．励起電子のエネル

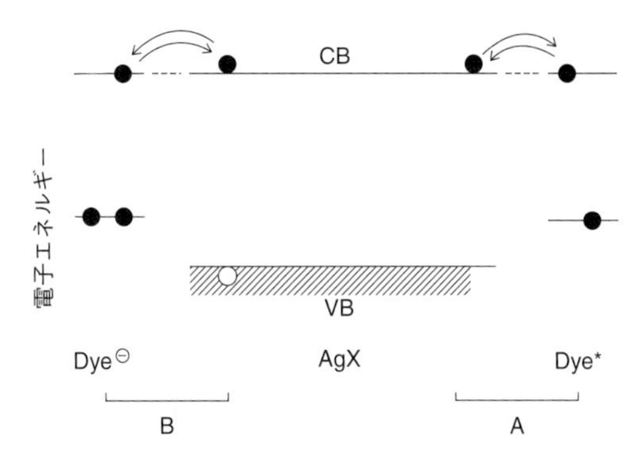

図 5.3　色素分子の LUMO に遷移あるいは注入された電子と AgX の伝導帯の底の電子のエネルギー準位が等しくなる立ち上がり

CB と VB はそれぞれ伝導帯と価電子帯．A は光励起状態の色素（Dye*）中で LUMO に励起された電子と AgX の伝導帯の底の間の閾，B は AgX の伝導帯の光電子と色素の基底状態の LUMO に注入された電子の間の閾を示している．A と B の閾値はそれぞれ色素増感の量子収率と AgX 粒子の固有の感度への色素の影響（減感）で決定される．

ギー準位の目安には第 4 章で記したように，色素の LUMO と電子エネルギー準位が等しくなる電極の電位を還元電位として電気化学的手法で測定して用いることができる．還元電位は相対値であり LUMO の絶対値を指し示すことはできないが，一つの AgX 粒子に対して電子エネルギー準位以外の性質や構造が似通った多くのシアニン色素で還元電位依存性を調べることにより，電子移動の ΔE 依存性を把握することができる．このような電気化学的手法の利点は第 4 章に記したとおりである．

AgX/色素間には図 5.3 に図解するように 2 通りの電子移動がある．A は光励起状態の増感色素で LUMO に励起された電子が AgX の伝導帯へ移動する現象（色素増感）であり，B は AgX の伝導帯

コラム12

電子移動に対するマーカス理論

E. Eyring は1935年に多くの化学反応を視野に入れて遷移状態理論を提案した．それによると，化学反応は進行とともに原系の反応相手（たとえばA＋BC）と強く結びついて活性錯体（A–B–C）を形成する．活性錯体は解離してもとに戻るか，これを通過して反応生成物（AB＋C）を生成する．これに対して色素増感反応は，$D^*+A \rightarrow D^{*+}+A^{*-}$（DとAはそれぞれドナーとアクセプター）で表され，電子移動を通じて化学結合が形成も切断もされず，化学反応のなかでも単純な反応に属する．色素増感ではDは増感色素分子で銀塩感材では会合体を形成し，Aの上に吸着している．Aは銀塩感材では乾燥ゼラチン相中のAgX粒子であり，DSCでは電解質溶液に接したTiO_2の多孔膜である．このように色素増感では系が複雑になっているが，以下に本来の溶液中の分子やイオン間での電子移動について解説する．

図5.2(b）あるいは図5.7には，ドナー（D）からアクセプター（A）へのマーカス理論に基づく電子移動が移動前**a**から移動後**b**のポテンシャルエネルギー曲線上で矢印によって示してある．マーカス理論に先立ちLibbyは電子移動過程は速くて周囲の構造の変化を伴わず垂直にフランク・コンドン（Frank-Condon）状態へと遷移し，次いで2つの再配向を経て平衡状態に緩和すると考えた．一つは内的分子配向とよばれる分子内の電子的および振動的再配向であり，もう一つは溶媒再配向とよばれるものであり，溶媒分子が配向し直すことにより平衡状態に達する．しかし，熱的電子移動ではこのような垂直ジャンプは強力なパルス状の熱エネルギーが必要になる．

Marcusは熱的電子移動では垂直電子ジャンプは律速段階になりえないと考えた．すなわち，熱的電子移動反応の律速はその反応の分子と溶媒で構成される2つのエネルギー曲線の交点を乗り越えることであり，交点に至るまで反応物質と溶媒が再配向しながら進行する．Marcus はこのような考えに基づき，電子移動速度と再配向エネルギー λ，エネルギーギャップ ΔE および活性化エネルギー $\Delta G^{\ddagger}$ を定量的に関係づけた．その様子は図 5.7 の上段に図解してある．ΔE とともに上段左から中央までの段階では電子移動の障壁が低くなりつつ電子移動速度は増加し（正常領域），中央の図で障壁がなくなり速度は最大となる（無障壁領域）．特異的なのは中央から右の図に示される領域であり，ΔE とともにふたたび障壁が高くなり電子移動速度が減少すること（逆転領域）を予言している．

マーカス理論を特徴づけるものは逆転領域であるが，久しくそれを検証する実験事実を観測することはできなかった．正常領域で ΔE とともに電子移動速度が増加したが逆転領域に入る前に拡散律速となり（電子移動速度が D と A の拡散に支配されるようになり），マーカス理論からはずれるためであった．Closs と Miller は D と A の拡散を強く抑制する粘度が高い媒体を用い，加えて D と A を剛直なスペーサーで連結して初めて逆転領域を観測することに成功し，マーカス理論を検証した．その後は逆転領域を示す実験事例が多く観測されるようになった．図 5.7 に示したように銀塩感材の色素増感の電子移動反応は D と A の拡散は関与しないという観点からは逆転領域が観測されるはずであるが，本文に記載したように別の理由（A の電子を受容する準位が密集して帯状となっていること）により逆転領域が現れなかった．色素増感は増感色素から基板への光誘起電子移動であり，マーカス理論は電子移動の特徴を明らかにするために有用であった．図 5.5 は銀塩感材の色素増感の λ が小さく（0.05 eV）逆転領域が存在しないこととそれらの理由を，図 5.8 に示される結果の分析（本文参照）では DSC の色素増感の λ が大きい（~0.3 eV）ことを明らかにすることができた．また 5.1 節に示したように電子移動速度の温度依存性から色素の J 会合体形成が λ の大きさに与える影響を考察することが可能になった．

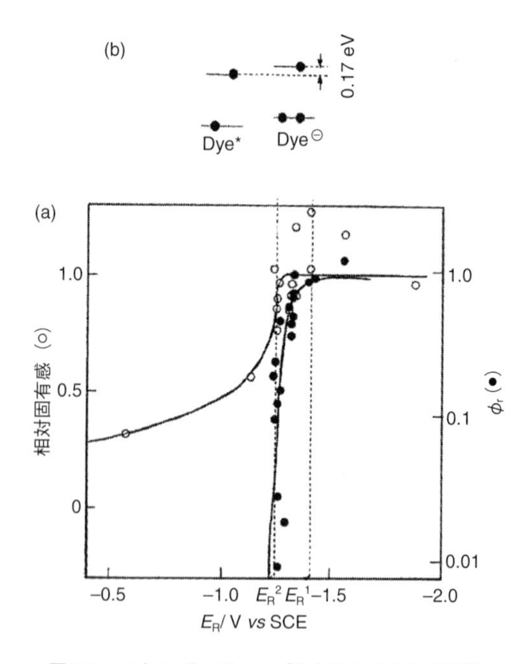

図 5.4　エネルギーギャップ依存性とその電子構造

（a）構造が類似していて電子構造が異なるシアニン色素群と立方体 AgBr 乳剤で観測された色素増感の電子移動の量子効率（ϕ_r）のエネルギーギャップ依存性（●；図 5.3 の A に対応）と減感の程度のエネルギーギャップ依存性（○；図 5.3 の B に対応）．エネルギーギャップは色素分子の LUMO を占める電子と AgBr の伝導帯の底とのエネルギー差で，色素の還元電位を目安として横軸に目盛った．A の閾となる色素の還元電位 E_R^1 と B の閾となる色素の還元電位 E_R^2 の差は ~0.2 eV．（b）（a）の結果から得られた励起状態の色素分子（Dye*）と電子を 1 個 LUMO に受け入れた色素分子（Dye⊖）の電子構造［40］であり，（a）の結果は Dye* で LUMO へ遷移した電子より Dye⊖で LUMO に注入された電子のほうが約 0.2 eV 高いことを示している．

の電子が基底状態の色素分子の LUMO へ移動して AgX 粒子を光励起した場合の写真感度の減少（減感）をひき起こす現象である [4, 5, 40]．したがって図 5.2 に示したエネルギーギャップ ΔE 依存性を調べることにより A のみならず B の閾値を求めることができる．図 5.4 では縦軸には構造が似通ったシアニン色素が AgBr 粒子に対して示した色素増感の量子収率 ϕ_r と AgBr 粒子の固有感度の相対値を，色素の還元電位に対して目盛った．(4.4) 式および図 4.3 に示したように，色素の還元電位 E_R は LUMO の電子エネルギー準位の相対値であり，したがって ΔE の相対値となる．図は AgBr に対して A の閾値を与える色素の還元電位が $E_R{}^1$ に対応する LUMO を有し，B の閾値を与える色素の場合には $E_R{}^2$ となり，両者の閾値には約 0.2 eV の差が認められた．図の上部に示すように，この差は色素会合体中の励起子の結合エネルギーに相当しており，光で HOMO から LUMO へ励起された電子のエネルギー準位より基底状態の色素分子の LUMO に注入された電子のエネルギー準位のほうが約 0.2 eV だけ高いことを意味している．

図 5.5 は一連のシアニン色素による色素増感の量子収率の ΔE 依存性の測定結果であり，図 5.4 から ϕ_r と E_R の関係を取り出したものである．丸印は測定点であり，実線はマーカス理論の式でパラメーターを変えて測定点に合わせたものである．この結果，この系は $\Delta E=0$ に対応する色素の LUMO の電子エネルギー準位が $E_R{}^*$ なる還元電位を有する色素の LUMO に等しいことを示している．また，λ は 0.05 eV という小さい値で特徴づけられる電子移動であることをも示している．この系では $\Delta E \geqq 0$ であれば電子移動の効率はほぼ 100% であることもわかった．一方 ΔE が負になるにつれて電子移動の効率は急峻に減少した．これらの結果は λ が小さいことに由来するものである．

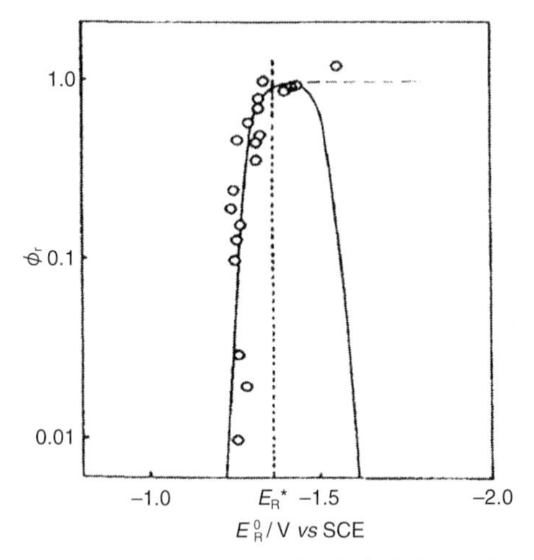

図 5.5　立方体 AgBr 乳剤の色素増感の量子収率（ϕ_r）のエネルギーギャップ依存性

実験には構造が類似していて電子エネルギー準位が異なるシアニン色素を用いた．エネルギーギャップは図 5.2 に示したように色素分子中の励起電子と AgBr 粒子の伝導帯の底とのエネルギー差 ΔE であり，色素の還元電位（E_R^0）を目安とし，E_R^0 は位相弁別第 2 高調波ボルタンメトリーで測定した．白丸は実測値であり，実線はマーカスの式におけるパラメーターにおいて最大電子移動速度（k_s^0）と λ をそれぞれ 10^{11} s^{-1} および 0.05 eV としたものである［40］．実線と白丸の良い一致はこれらのパラメーターが実際の系に即していることを示している．

図 5.5 の結果から多くの色素で ΔE が負となり電子移動の効率が低い状態であることがわかった．このような状態を克服するために，スーパーセンシタイゼーションによってこれらの色素の効率の回復が図られた［4, 5, 40, 43］．図 5.6 に図解するように，HOMO から LUMO へ遷移した励起電子が AgX の伝導帯に届かない場合には，スーパーセンシタイザー（SS）から励起色素へ電子が移動できるようにすると，励起電子は HOMO に戻ることができなくなる

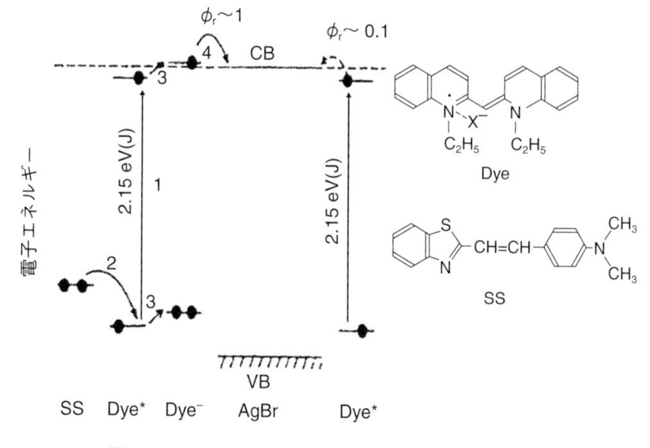

図 5.6 スーパーセンシタイゼーションの作用機構

AgBr とその右側は 2,2-キノシアニン色素（Dye；分子構造は右上）による AgBr 粒子の色素増感過程，AgBr とその左側はスーパーセンシタイザー（SS；右下）によるスーパーセンシタイゼーション．CB と VB はそれぞれ AgBr の伝導帯と価電子帯，Dye*と Dye^- はそれぞれ励起色素分子と電子を 1 個受け入れた色素分子，ϕ_r は色素増感の量子収率．Dye* の励起電子は AgBr の CB の底より ～0.1 eV 低く，ϕ_r は低い（～0.1）．SS の存在下では Dye が励起されると（矢印 1）速やかに SS から Dye* へ電子が移動し（矢印 2），色素の電子エネルギー準位が ～0.2 eV せり上がり（矢印 3），励起電子は AgBr の CB の底より ～0.1 eV 高くなり，速やかに AgBr の CB へ移動する [5, 40]．

うえに，図 5.4 の結果からわかるように励起電子が約 0.2 eV 高くなり，AgX の伝導帯へ移動できるようになる．スーパーセンシタイゼーションが図 5.6 に示した機構に従って起こる現象であることは，写真感度と並行して AgX 粒子の光伝導度も増加することを観測して検証することができる．この検証はすでに 1947 年に West と Carroll によって，乳剤膜に電極を接触させ直流で測定する古典的な手法でなされていた [44]．さらには後年，媒体に懸濁された AgX 粒子の時間分解光伝導が Kellogg らが開発したマイクロ波光伝導法 [45] を用いて測定され，スーパーセンシタイゼーションの現象が改めて検証されている．

図 5.5 に見られるように図 5.2 の系の電子移動は ΔE 依存性が急峻であり，マーカス理論の逆転領域（コラム 12 参照）がないことが特徴である．ΔE 依存性が急峻なのは，一つには図 3.8 と 3.9 の解説で説明したように，色素分子の電子エネルギー準位の分布が狭いことである．さらには再配向エネルギーλが小さいためである．図 5.2 に見られるように，λ は配位座標の変化に対する系のポテンシャルエネルギーの変化の大きさであり，配向を変えやすい溶媒分子の存在や分子構造がゆらぎやすい色素分子の単量体では λ は大きくなる傾向にある．図 5.5 の系で λ が小さい理由は，乾燥した膜で溶媒がほとんど存在しないことに加えて，色素分子が会合体を形成して剛直に固定されているためであると考えられている．電子移動速度の活性化エネルギー（あるいは温度係数）は $\lambda/4$ に相当するので，これにより電子移動の λ を推し量ることができる．励起色素から AgBr への電子移動速度の温度係数は，色素が単量体の場合（0.27 eV）に比べて J 会合体を形成すると著しく小さくなる（0.02 eV）ことが観測され [46]，この考えが裏づけられている．

これまで述べてきたように J 会合体形成は色素増感に数々の良い効果をもたらすことがわかった．ここで J 会合体形成が色素増感の効果に与える影響について解説する．J 会合体形成は色素の遷移エネルギーを小さくするので，図 4.1 において色素の励起子中の電子のエネルギー準位を低くして，色素から AgX への光誘起電子移動の効率，すなわち色素増感の量子収率を減少させる懸念が生じる．しかしながら J 会合体形成が色素増感の量子収率を損なうという知見はない．通常増感色素はシアニン色素であり，AgX 粒子への吸着量は多いので何らかの会合体を形成している．図 2.9 に見られるように J 会合体の励起状態はエネルギー的に最も低く，そこから AgX 粒子への電子移動を行う．他の会合体，たとえば H 会合体の励起状態は高いエネルギー準位であるが，カシャの法則により色素増感は低い準位へ移動してから起こる．したがって J 会合体は他の会合体に比べて色素増感の量子収率が低いことにはならなかったものと考えられる．

一方，逆転領域の有無の由来は一般的には図 5.7 で示される．この図の上段は一般的なマーカス理論に基づく電子移動前（**a**）と移動後（**b**）の系のポテンシャルエネルギー曲線であり，これらに基づく電子移動の速度と ΔE の関係を下段中央に示す．ΔE が上段左図から増加すると電子移動の障壁が低くなり速度が増加し，上段中央で曲線 **a** と **b** の交点が曲線 **a** の底となり障壁がなくなり速度は最大となる．ΔE がさらに大きくなり上段右図の状態になると曲線 **a** と曲線 **b** の交点が曲線 **a** の底より高くなり，ふたたび電子移動の障壁が生じ速度が低下するようになる．図 5.2 の系では，電子を受け取るものは図 5.7 の上段で想定している分子ではなく AgX の伝導帯であり，電子を受け取ることができる電子エネルギー準位が密集して幅広い帯を形成している．この場合のポテンシャルエネルギー曲線を下段右図に示した．曲線 **b** は帯（伝導帯）となっているので，**b** の曲線群のどれかが曲線 **a** の底と交わることとなり，ΔE が大きくなっても速い電子移動を維持することができる [40, 47]．図 5.5 に示したように銀塩感材における色素増感の光誘起電子移動の λ は小さく，正常領域とともに逆転領域も急峻であるはずである．それにもかかわらず逆転領域が観測できない理由は，電子を受け取る準位が幅広いバンド構造であるためと考えるのが妥当で

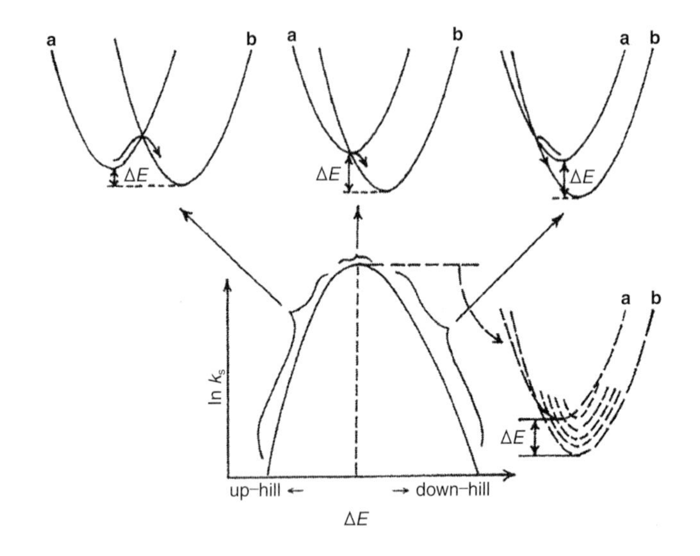

図5.7　マーカス理論に基づく電子移動速度のエネルギーギャップ依存性と逆転領域の有無

上段は本来のマーカス理論に基づく電子移動前（**a**）および後（**b**）の系のポテンシャルエネルギー曲線のエネルギーギャップ（ΔE）依存性を示し，ΔEとともに電子移動速度は増加し（正常領域），中央図で曲線**b**が曲線**a**の底と交わり，障壁が消失するとともに速度が最大となり（無障壁領域），さらなるΔEの増加で速度が減少するようになる（右；逆転領域）．下段は電子移動速度k_sとΔEの関係を示し，実線はマーカス理論本来の電子移動であり逆転領域を示すが，破線は励起色素からAgBrの伝導帯への電子移動で逆転領域を示さない．後者の場合のポテンシャルエネルギー曲線を右に示した．

ある．

DSCの電子の受容体はTiO_2や酸化亜鉛（ZnO）などの酸化物半導体である．伝導帯の底は，AgBr（−3.5 eV）に比べてTiO_2（−4.3 eV）やZnOは低いので，AgXを色素増感できない多くの

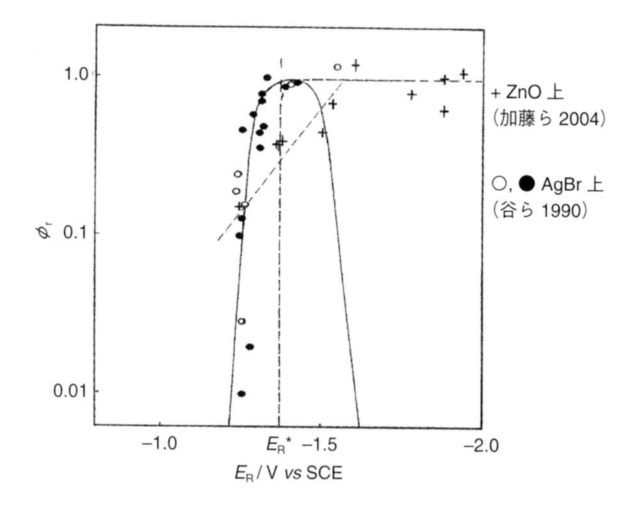

図 5.8 増感色素から銀塩感材の AgBr 粒子（○）および色素増感太陽電池の ZnO 粒子（+）への光誘起電子移動の効率のエネルギーギャップ（ΔE）依存性［T. Tani, "Photographic Science", Oxford University Press (2011)］

ここで ΔE は増感色素分子中の励起電子と基板（上記の AgBr および ZnO）の伝導帯の底とのエネルギー差であり，色素溶液の還元電位（E_R）を目安として横軸に目盛られている．E_R*は AgBr の系で $\Delta E = 0$ に対応する還元電位であり，ZnO の系の測定値は $\Delta E = 0$ が E_R*となるよう横軸に沿ってずらした．

色素が ZnO や TiO_2 を色素増感できることが指摘されており [48]，DSC では $\Delta E \geqq 0$ となる色素の選択肢は広くなる．DSC の系でのエネルギーギャップ依存性の報告例は少ない．加藤らは基板に ZnO を用いた DSC の系でエネルギーギャップ依存性を測定している [49]．図 5.8 では銀塩感材の系での AgBr と DSC での ZnO を基板とした場合の ΔE 依存性を，$\Delta E=0$ で横軸を合わせて比較している［5］．AgX での ΔE 依存性に比べて ZnO の ΔE 依存性は緩やかであり，$\Delta E=0$ でも電子移動の量子効率は 1 よりかなり低く，効率が 1 になるのは $\Delta E>0$ の領域であった．これはコラム 12 に示したように銀塩感材の系に比べて λ が大きいことを意味している．DSC が有効にはたらくための増感色素の電子エネルギー準位の条件は，電子移動に対して LUMO が TiO_2 の伝導帯の底より 0.2 eV 高く，正孔移動に対しては HOMO が電解質溶液中の酸化還元メディエーターより 0.2〜0.4 eV 低くなければならない［5, 10］のは，λ が大きいために $\Delta E=0$ においても電子移動の活性化エネルギーが大きく，$\Delta E>0$ とならなければ電子移動の量子効率が高くならないためであると考えられる．DSC では最低励起一重項状態（S_1）からの速い電子移動と最低励起三重項状態（T_1）からの遅い電子移動があり，後者の割合が無視できない．T_1 の励起電子は S_1 の励起電子より低いので，その分だけ電子移動効率が大きい色素の選択肢は狭くなる．

上記のように，色素増感における光誘起電子移動過程の特徴は，マーカス理論においてパラメーターを実測に合わせ，その値を他の電子移動での値と比較することにより理解することができた．とくに銀塩感材における色素増感は小さい λ による急峻なエネルギーギャップ依存性や逆転領域の不在で特徴づけられる特異な電子移動であることがわかったが，多様な電子移動過程の一例として記録に留めるべきものであると考えられる．

PSC の電子構造はいまだ明らかではない．$CH_3NH_3PbI_3/TiO_2$ の場合，Park らによれば前者の伝導帯の底（CBM）と価電子帯の頂上（VBM）と後者の CBM はそれぞれ -3.88 eV，-5.43 eV および -4.10 eV であり［13］，前者の励起電子の後者への移動は可能と評価される．しかしながら，両者が半導体であるにもかかわらず，両

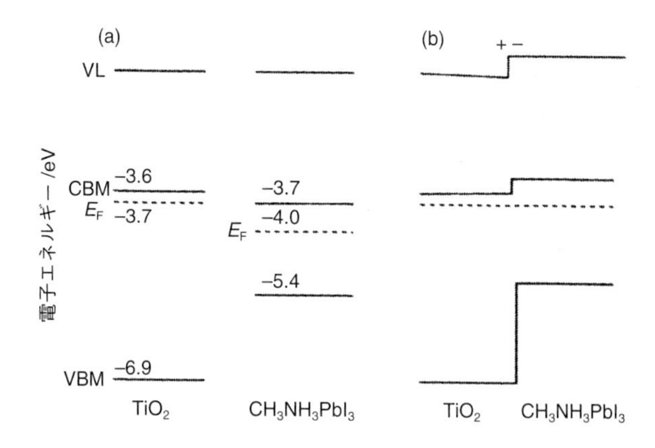

図 5.9 接触前（a）および接触後（b）の電子エネルギー準位図［P. Schulz, E. Edri, S. Kirmayer, G. Hodes, D. Cahen, A. Kahn, *Energy Environ. Sci.*, **7**, 1377 (2014)］

Kahn らが超高真空中で紫外光電子分光を用いて測定した TiO_2 と $CH_3NH_3PbI_3$ の電子エネルギー準位（a）［50］に基づいて接触後の電子エネルギー準位図(b）を構築した．VL，CBM，VBM および E_F はそれぞれ真空準位，伝導帯の底，価電子帯の頂上およびフェルミ準位である．

者の相互作用の検討がなされていない．両者の相互作用を考慮した電子構造の見積もりは Kahn らによってなされた［50］．図 5.9 はそれに基づく界面の電子構造である［51］．$CH_3NH_3PbI_3$ の CBM と VBM および TiO_2 の CBM はそれぞれ −3.7 eV，−5.4 eV および −3.6 eV であり，両者の相互作用を考慮しないままでは前者から後者への光誘起電子移動に支障があるが，前者は後者よりフェルミ準位が低いために，両者が接触するとフェルミ準位を一致させるための後者からの電子移動で前者の CBM と VBM が高くなり，前者から後者への光誘起電子移動が可能になっている．ただし，Kahn らの電子構造では TiO_2 の CBM（−3.6 eV）が他の論文（上記のように

Park らの論文では−4.10 eV）より高い．これは超高真空下での測定によるものと考えられ，TiO_2 の物性が真空中と空気中で大きく異なることを考えると，大気中での測定が望まれる．

$CH_3NH_3PbI_3$ は安定性と環境適応性に問題がある．後者は環境に有害な鉛（Pb）を含むためであり，Pb をスズ（Sn）に置き換える対策が検討されているが，PSC に用いたときの効率は低く [52, 53]，原因の究明と対策が急がれている．$CH_3NH_3SnI_3$ の CBM と VBM は，Park らの論文によればそれぞれ−4.60 eV と−5.47 eV であり [13]，TiO_2 への光誘起電子移動は困難な電子構造である．若宮らによる高純度品の不活性状態での測定ではそれぞれ−3.74 eV と−5.02 eV となり [54]，光誘起電子移動は可能となる．しかし空気酸化による Sn^{2+} から Sn^{4+} への変換により VBM は分刻みで低くなっていくことが観測されている [55]．一方で，上記の考察には両者の相互作用の考慮がいまだなされていない．Sn を含有するペロブスカイト化合物と半導体の界面の電子構造に関しては，適切な判断が下せる状況には至っていない．

5.3　生成電荷の利用効率

前章までに示したように，銀塩感材ではおもに増感色素が光を吸収し，励起された色素から AgX 粒子へ電子が移動する．増感色素の開発，J 会合体の形成と AgX 粒子表面への吸着と配向，比表面積が大きい AgX 粒子（平板粒子）の開発などで光の吸収率を最大限に大きくし，電子移動はほぼ 1 の効率を実現している．さらに AgX 粒子に移動した電子の銀塩感材としての利用効率を最大化することが写真感度の向上にとって重要である．写真過程は光を捕えて AgX 粒子上に Ag のクラスターからなる潜像中心を形成し．潜像中心はそれが形成されたAgX粒子が現像でAg粒子へと変換されることにより増幅される．このためには潜像中心はAgX粒子に1個のみ必要であり，2個以上の潜像中心の形成は無駄で写真感度を減少させる一因となる．潜像中心はAgX粒子のサイズにかかわらず現像の際にAgX粒子をAg粒子へと還元する反応の触媒としてはたらくためである．したがって銀塩感材で高い感度を実現するには，伝導電子と正孔の再結合を防ぐことに加えて，AgX粒子1個に潜像中心を1個のみ形成させることが必要である [5]．これら2つの条件が実現すると写真感度は粒子の光吸収率に比例するので，AgX粒子のサイズ（色素増感の有無により，それぞれ表面積と体積）に比例する．

銀塩感材の潜像形成には光で生成する電子正孔対のなかで電子のみが潜像形成に関与すると考えられ，再結合の抑制のためには正孔を不可逆的に捕獲し消滅させる方法が検討されてきた．しかしながら，正孔捕獲後の後続反応で活性種が発生し，そこからAgXの伝導帯へ電子が注入される現象があることがわかった [4–6, 56]．すなわち，還元増感中心Ag_2が正孔を捕獲してAg_2^+となり，AgとAg^+（格子間銀イオン）に解離した後にAgが数秒の時定数でAg^+とe^-（AgX伝導帯の電子）に解離することがわかった．これを機に正孔から伝導電子を発生させる試みがなされた．還元増感をかぶり（光によらずに形成され，現像をひき起こすことができるAgのクラスター）を発生させないように使いこなす方法の探索はその一つである．この現象を色素増感に利用すると1光子で2個の電子をAgXの伝導帯へ送り込むことができるので，二電子増感とよばれ，開発への取組みがなされた．これにならい光化学の脱炭酸反応を利用した図5.10に図解するような二電子増感が実現した [57]．まず，色素分子の光吸収でHOMOからLUMOへ励起された電子が

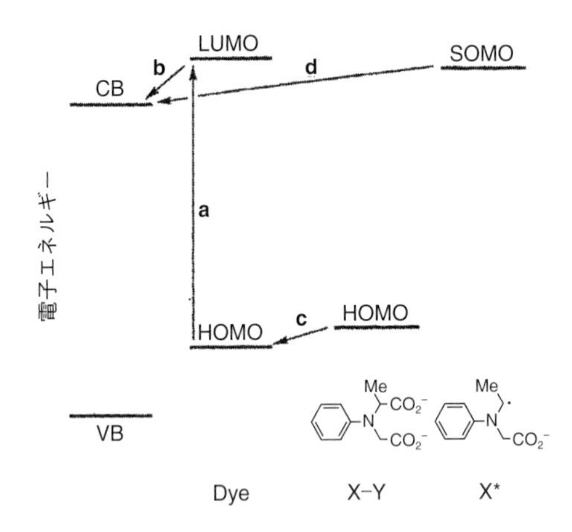

図 5.10　有機化合物（X–Y）の光誘起脱炭酸反応を利用した AgX の色素増感過程の二電子増感機構［I. R. Gould, J. R. Lenhard, A. A. Muenter, S. A. Godleski, S. Farid, *J. Am. Chem. Soc.*, **122**, 11934 (2000)］

CB と VB は AgX の伝導帯と価電子帯，LUMO，HOMO および SOMO はそれぞれ最低非占分子軌道，最高被占分子軌道および半占分子軌道．二電子増感過程は色素の光吸収（**a**），励起色素から AgX への電子移動（**b**），X–Y から色素の HOMO の空位への電子移動（**c**）および（X–Y）$^{+*}$の脱 CO_2 で生成した X*の SOMO から AgX の伝導帯への電子移動（**d**）を経て起こる．

AgX 粒子の伝導帯へ移動し，色素分子には正電荷（色素正孔とよばれる）が残る．次いで X–Y から色素正孔へ電子が移動すると X–Y は二酸化炭素（CO_2）を放出して活性種 X* を生成する．X* は半占分子軌道（singly occupied molecular orbital：SOMO）に高いエネルギーの電子を有し，この電子が AgX 粒子の伝導帯へと移動する．この二電子増感現象では色素分子による 1 光子の吸収で AgX 粒子の伝導帯に 2 個の電子が出現するだけでなく，正孔が不可逆的に除去されたことを意味している．

1 粒子に 1 個のみ潜像中心を形成するためには，励起色素から注入された伝導電子が成長途上の像中心に移動することができなければならず，伝導電子は長い移動距離を有することが求められ，粒子サイズが大きくなるほど実現が困難になる．このため，一連のAgX粒子の感度とサイズの直線関係は電子が移動できる距離で定まるサイズで頭打ちとなる．このようにして頭打ちを与える粒子サイズと電子の移動距離が関係づけられ，移動距離は転位を含まないAgBr粒子でたかだか～1 μmと見積もられ，転位の導入が伝導電子の移動距離を増加させ，大きいAgX粒子の感度の増加に寄与した．理由は以下のように考えられる．

AgX結晶ではAg^+は6個のX^-に取り囲まれているが，転位のような結晶欠陥上に3個のX^-のみに囲まれたAg^+からなる＋1/2の電荷を帯びた電子トラップが生成し，電子を捕獲すると速やかなイオン緩和により捕獲電子は格子間銀イオンと結合してAg原子を形成すると同時に電子トラップの電荷は＋1/2に戻りAg原子を正孔から守る．一方正孔は－1/2の電荷を帯びたトラップに捕獲され，イオン緩和でX原子を形成するとともにトラップの電荷を－1/2に戻すため電子との再結合は起こり難くなる．この反応が繰り返されるとX原子はX_2分子となる．電子と正孔のイオン緩和の時定数は前者のほうが速く，～200 nmのAgBr粒子ではそれぞれ20 nsと数μsであった［5］．さらにAg原子は不安定でAgイオンと伝導電子に解離し，伝導電子はふたたび移動するが時定数は遅く（数秒），正孔はイオン緩和で電子との再結合には与れない状態になっているので，伝導電子は長い距離を移動できる．

AgXでは転位は，組成の異なるAgXの界面で両者の格子定数の違いに由来する不整合を緩和するために生成する．転位は結晶欠陥であるためにその周辺は格子定数が大きく，格子間銀イオンが他の場所より安定に存在できる．したがって転位の周辺は格子間銀イオ

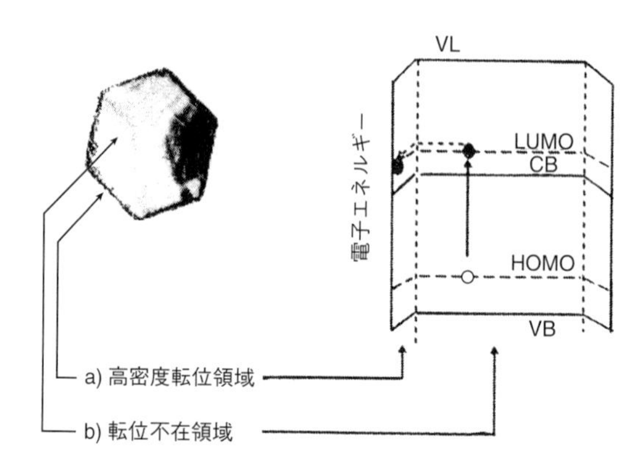

図 5.11　平板 AgX 粒子への転位導入による電子と正孔の隔離
左図は高アスペクト比の平板 AgX 粒子の透過型電子顕微鏡写真であり，縁周辺は高濃度で導入された転位が電子線の透過率を減少させたため黒ずんでいる．右図は AgX と吸着色素の電子構造の位置依存性を示す．VL，CB および VB は AgX の真空準位，伝導帯および価電子帯，LUMO および HOMO は吸着色素の最低非占分子軌道および最高被占分子軌道を示す．

ンの濃度が他の場所より高くなり，正電荷を帯びることになる．カラーフィルム用の平板 AgX 粒子では，図 5.11 に図解するような方法で電子と正孔の再結合が抑制された [5]．すなわち，転位が平板粒子の縁に高密度に導入され，縁周辺で格子間銀イオンの濃度が高くなったために正電荷を帯びて伝導帯の底のエネルギーが他の場所より低くなり，伝導光電子が縁周辺に局在するようになる．一方，正孔は色素の HOMO に捕獲されているが，粒子の縁付近は正電荷を帯びているために接近することができない．かくして，電子と正孔は空間的に隔てられ，再結合を免れることとなる．第 3 章で記したように平板粒子の側面には（100）面が存在し [23]，主平面は（111）面である．そこで（111）面に優先的に吸着する増感色素を採用することにより，電子と正孔は空間的にいっそう隔離されることとなり再結合を抑制することができ，カラーフィルムの高感度化に貢献した [5].

太陽電池で光の吸収により生成した電子と正孔を有効に利用するには，再結合を起こさないようにしてそれぞれを反対側の電極にまで移動できる状態をつくらなければならない．DSC では Ru 錯体色素から TiO_2 の伝導帯へ光誘起電子移動が起こり，発生した正孔は色素分子内で TiO_2 表面から離れた部分に局在化しているので，TiO_2 に注入された電子との再結合は起こり難いものと考えられている．次いで色素分子中の正孔は正孔輸送用電解質溶液へ移動するので，TiO_2 中の電子と電解質溶液中の正孔は TiO_2 表面に吸着している色素分子に阻まれて再結合がいっそう困難となる．TiO_2 表面に色素が吸着していない部分は電解質溶液にじかに接するので，TiO_2 へ注入された電子と電解質溶液に移動した正孔の再結合が起こりやすくなる．このような再結合を抑制するためには TiO_2 表面を色素で覆いつくすことが重要であると指摘されている [5, 8, 10]．また光励起された Ru 錯体色素から多孔質の TiO_2 へ移動した電子は後者を伝って電極に到達しなければならない．前述のように Ru 錯体色素のモル吸光係数は小さいので，太陽光を十分に吸収するには多孔質 TiO_2 膜はそれだけ厚く（$\sim$10 μm）しなければならなかった [8, 10, 58]．多孔質 TiO_2 層中の電子は移動度が低い（$\sim 10^{-5}$ cm^2 V^{-1} s^{-1}）が寿命は長い（数秒）ので [58]，$\sim$10 μm を移動して電極に到達することができる．

これに対して PSC で用いられるペロブスカイト化合物の吸光係数は Ru 錯体色素に比べて著しく大きいので，太陽光を十分に吸収することができるペロブスカイト層の厚さは数百 nm である．ペロブスカイト化合物中の電子と正孔，とくに正孔の移動距離は長いの

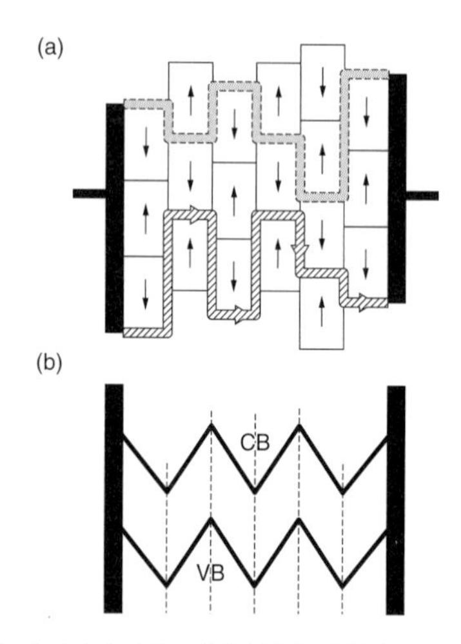

図 5.12　ペロブスカイト化合物の強誘電的結晶構造とそれに基づく電子構造
[J. M. Frost, K. T. Butler, F. Brivio, C. H. Hendon, M. van Schilfgaarde, A. Walsh, *Nano Lett.*, **14**, 2584 (2014)]
(a) 有機カチオンの永久双極子の配向（矢印）と電子の移動経路（斜線の帯）および正孔の移動経路（薄い灰色の帯）．(b) 伝導帯の底と価電子帯の頂上が空間的に異なることを示している．

で [19]，多孔 TiO_2 層の孔内を正孔輸送材料で埋める必要はなくなり，代わってペロブスカイト化合物が埋めている．さらにペロブスカイト化合物中では図 5.12 に図解するように有機カチオンの配向のため強誘電的な配置が形成され，伝導電子と正孔は空間的に別々の経路を移動するので再結合を起こし難い [59]．さらに，深いトラップが存在しにくい性質も相まってキャリアの移動距離も長くなっている．電子と正孔を空間的に分離して再結合を抑制する方法は，銀塩感材では長年の技術開発の末に図 5.11 に示したようにアスペクト比が高い平板粒子の縁部に転位を導入して実現したものであった．ところが，ペロブスカイト化合物は強誘電体物質であり，図 5.12 に図解したように固有の性質として電子と正孔の通り道（それぞれ伝導帯の底と価電子帯の頂上）が空間的に異なり，電子と正孔が遭遇し難いことがわかった [59]．この性質はペロブスカイト化合物の固有の構造として備わっており，再結合を起こり難くする仕組みとして内蔵されていることを意味している．

5.4　経時安定性

銀塩感材は製造されてから使用されて写真画像を形成するまでの感光材料の経時安定性と，形成された写真画像の経時安定性に分けて考える必要がある．写真画像は白黒写真とカラー写真に大別され，前者は銀粒子からなり，後者は色素からなる．ここで画像を形成する色素は，本書で種々の観点から選択されてきた増感色素ではなく，色合いや経時安定性などから開発されたものである．写真画像については，100 年以上安定に維持する技術が開発されている．現像後の写真画像の安定性については他の書 [3, 60] に譲り，本節では製造から撮影までの写真フィルムの安定性を中心にして解説する．

撮影用フィルムは出荷後 2 年間，感度の変化やかぶり濃度の増加などが起こらないことを求められる．ここでかぶり濃度とは光が当たらないにもかかわらず現像されて Ag に還元された粒子が与える光学濃度である．銀塩感材の安定性を損なう原因は複数あるが，AgX 粒子からなる乳剤の性能に関わるものが中心である [4–6]．AgX 粒子の感度は化学増感で高められるが，感度が高められるほど性能が敏感になりかぶりやすくなるなど，経時での性能が変化しやすくなる．しかしここでは問題を色素増感に絞ることとし，AgX

粒子自身の性能の安定性の詳細には触れないこととする．

第2章に記したように，増感色素の開発はシアニン色素に絞られ，その吸収波長は可視域から赤外域へと展開された [6]．図 2.2 に示したように，シアニン色素の吸収波長の長波長化はおもにメチン鎖を長くすることによって効果的に実現された．しかしながら，メチン鎖の部分の構造は弱く，メチン鎖が長くなるほど構造が熱的に不安定になる．とくに可視域を超える波長のシアニン色素はペンタメチンあるいはそれより長いメチン鎖を有することとなり，色素自身が構造的に不安定である．このようなメチン鎖の構造的な脆弱さは，メチン鎖を架橋して剛直化することにより改良された [6]．とくに赤外線写真感光材料は熱的に不安定であり，低温で保存するなどで安定性を確保する必要がある．

カラーフィルムに用いられるシアニン色素はモノメチンあるいはトリメチンシアニン色素である．溶液中のシアニン色素の蛍光収率は低く，溶液の粘度を高めたり分子構造を剛直化すると高まるので，色素の分子構造（とくにメチン鎖）がゆらいでいることを示しており，それが色素分子の不安定性の原因の一つと考えられる．色素増感の際には色素分子は AgX 粒子表面に固定され，色素分子どうしは J 会合体を形成して互いに剛直化し，構造が熱的に安定化されている．

一般に溶液中の色素分子は励起状態で酸化あるいは還元反応を受けやすく，それによる溶液成分との光酸化あるいは光還元反応により分解すると考えられる．LUMO にある電子は不安定で周囲に奪われやすく，HOMO の電子欠損も不安定で周囲から電子を奪いやすいためである．これは第4章で紹介したポーラログラフィーの測定中に，電極から LUMO に電子が注入された色素や HOMO の電子を奪われた色素が速やかに溶液成分と反応を起こして分解することか

らもわかる [29]．溶液状態でのシアニン色素の光酸化あるいは光還元反応は，多くの色素のなかでは起こり難いものと見られてはいるが，実際に観測され機構が調べられている [6]．しかし，銀塩感材は撮影までは暗所に保存され，乾燥膜で溶液成分もなく，増感色素が光を吸収して光酸化反応や光還元反応で分解することはない．

かくして増感色素の安定性が常用の写真フィルムの経時安定性を損なうことはない．撮影時に光を吸収して色素増感をひき起こす増感色素分子は全体のごくわずかである．たとえばカラーフィルムの高感度層を司る平板 AgBrI 粒子には 1,000,000 個の増感色素が吸着している．一方で高感度化に欠かせない化学増感である硫黄増感と金増感を適用した AgX 粒子のうちの半数を感光させるために要する吸収光子数/粒子は 10 個ほどである．単分散粒子では色素分子が吸収する光子数/粒子はわずか 10±3 となる．写真フィルムは繰り返し使うものではないので，色素増感に与った色素分子はその後分解しても問題にはならない．色素増感の機構の観点から，増感色素が繰り返し何回色素増感をひき起こすかが調べられたが限定的（20 回程度）であった [6]．増感色素は銀塩感材では 1 度使用することができれば十分であるが，太陽電池に用いた場合には繰返しの使用に耐えることができなければならない．すなわち，銀塩感材の増感色素は，太陽電池用に耐える安定性は有していないものと考えられる．

銀塩感材では 1881 年以来，媒体にゼラチンが用いられている．ゼラチンを他の高分子に置き換える試みが長期間にわたってなされたが，ゼラチンはいく多の高分子の挑戦を退けて今日まで使い続けられてきた．銀塩感材におけるゼラチンの種々の役割のなかで，感材の劣化の原因となる AgX 粒子，増感色素，写真画像を構成する Ag 粒子や色素を包んで保護することが重要な役割の一つである．

ゼラチンはタンパク質の一種であるコラーゲンを構成する絡まり合った３本の長い鎖をほぐしたものである．コラーゲンは細胞と細胞の間を埋め，互いに貼り合わせる役割をもち，動物の体を支え保護する素材として自然界で長年の試行錯誤の末選ばれたものであり，ゼラチンが安定化効果を有する由縁と考えられる．しかしながら安定化の機構は必ずしも明らかではない．太陽電池などのデバイスの保護には劣化の原因となる酸素や水を通しにくい封止膜が用いられる．注目されるのは，多くの封止膜のなかでゼラチン膜が酸素を最も通しにくいものの一つであることである．ゼラチン膜中に張り巡らされた水素結合網が膜中の酸素分子の移動を困難にしているものと考えられる．ゼラチンは写真乳剤中でシアニン色素のＪ会合体の形成を促進することが知られている．Ｊ会合体を形成した色素分子は，単量体の分子より安定である．筆者は銀ナノ粒子の安定化へのゼラチンの寄与の機構を調べてまとめた [60]．

それに対して，DSC や PSC は安定性に問題を抱えており，増感色素に相当する部分（それぞれ Ru 錯体色素とペロブスカイト化合物）の不安定性が主要因である．銀塩感材では撮影前に増感色素に光が当たることはまったくないが，DSC と PSC は太陽電池であるので強い光に長時間曝されることとなり，前者で増感色素が劣化する原因となりうると考えられる．後者では光吸収に与るのは PbI_2 などの無機の部分であるが，そこに割り込ませた有機カチオンが可動性や昇華性の性質をもっており，劣化の要因となっている．

TiO_2 上で電子を奪われた Ru 錯体色素が劣化する頻度は 1 s に数回であり，溶液中のシアニン色素よりはるかに少ない．DSC において電解質溶液中の酸化還元メディエーターから TiO_2 ナノ粒子上で電子を奪われた色素への電子移動の頻度は 10^8 回 s^{-1} と見積もられており，TiO_2 表面上の Ru 錯体色素は 10^7 回 s^{-1} の頻度で繰り返し，色素増感により電子を TiO_2 へ送り込むことができる［8］．しかし，わずかながら劣化は進む．さらに図 3.1 に見られるように，電解質溶液中には相当量の非吸着色素が存在する．非吸着の色素は吸着色素より劣化が速いと考えられ，非吸着の色素濃度が減少すると図 3.1 の平衡状態を維持するために吸着色素の一部が脱着することが考えられる．DSC がいまだ実用化されていないのは，安定化の問題が解決されていないためと推察される．

PSC は低コストで高い PCE を示すが，安定性に不安を残しており解決されていない［61］．劣化の原因は種々提案され，調べられている．その一つは有機カチオンの脱落であり，Wolf らは $CH_3NH_3PbI_3$ 薄膜の光吸収スペクトルを観測し，湿度 30～40% の雰囲気

表 5.1　カラーフィルム，PSC および Si 太陽電池の比較

	カラーフィルム	PSC	Si 太陽電池
光センサー	増感色素（有機分子）	無機半導体（PbI_2）	無機半導体
光センサーの性質	独立な有機分子	有機カチオンに修飾された無機結晶	大きな結合エネルギーの結晶
厚　さ	単分子層	数百 nm	～2 μm
電子移動の機構	マーカス理論	p–n 接合	p–n 接合
電子移動の効率	IQE*1；1.0 EQE*2；> 0.5	PCE*3；23.3%	PCE；25%
劣　化	多くの独立な色素分子のごく一部が分解	結晶中の有機カチオンの喪失	劣化なし

*1：内部変換効率（internal conversion efficiency）：カラーフィルムの場合には，増感色素に吸収された光子の数に対する色素から AgX 粒子へ注入された電子の数の割合．

*2：外部変換効率（external conversion efficiency）：カラーフィルムの場合には，入射した可視域の光子数に対する色素から AgX 粒子へ注入された電子の数の割合．

*3：エネルギー変換効率（power conversion efficiency）：入射した太陽光のエネルギーに対する電気エネルギーの割合．

中に20時間曝露することにより，CH_3NH_3I が膜を飛び出して PbI_2 が残されたことを示している［62］．ただし，デバイスを封止膜で閉じ込めると，ある程度もとに戻ることも観測されている．

表5.1にはカラーフィルム，PSCおよびケイ素（Si）からなる太陽電池の経時安定性の要因を比べた．カラーフィルムでは増感色素分子どうしの電子雲の重なりが小さく独立して色素増感に与るので，わずかな色素分子の劣化はわずかな光吸収率の減少をもたらすにとどまる．Si太陽電池ではSi原子どうしの相互作用はバンド構造を形成するほど強く，Siの劣化は起こらない．PSCを構成するペロブスカイト化合物も PbI_2 からなるバンド構造を形成するが，PbI_2 自身のバンドギャップは太陽電池には大きすぎ，有機カチオンの割込みで太陽電池にふさわしいバンドギャップとなっている．すなわち，単一な結合からなるSiとは異なり，$CH_3NH_3PbI_3$ では有機カチオンの割込みで不安定要因を取り込んでいる．増感色素と異なり PbI_2 はバンド構造をもつ結晶として全体が繋がっているので，有機カチオンのわずかな変化が結晶全体に及びやすいものと考えられる．

おわりに

本書で紹介したように，色素増感は1873年にVogelにより偶然に発見された．はじまりは銀塩感材の白黒写真であった．それまではAgX粒子の光吸収で感光したので，可視光のなかで感光するのは青色光のみであるため低感度で不自然な写真であった．色素増感の意義は，銀塩感材がAgX粒子の光吸収で感光するだけであったものを増感色素の光吸収でも感光することを可能にし，しかも増感色素の吸収波長が可視域域全体で自由に選べるようになったことであった．これにより可視域全体に感光する自然な白黒の銀塩感材の製造が可能になり，感光波長域の拡大により感度も大幅に増加した．

色素増感の発明により銀塩感材の感光波長域が可視域全体で自由に選べるようになり，Maxwellの三原色の原理に基づき銀塩感材でカラー写真を製造する基盤が整った．最初のカラーフィルムの製造は1930年代であったが，日本で巷に出回るようになったのは1960年代であった．その後カラー写真は前世紀の末まで成長を続けて大きな産業となった．同じ1960年代に色素増感の新しい展開が萌芽し，光触媒，色素増感太陽電池，ペロブスカイト太陽電池などの将来有望な技術へと展開されていった．本書ではカラーフィルムをはじめとして光触媒，色素増感およびペロブスカイト太陽電池を横断的に概観し，比較分析した．本書が，これらの材料に携わる研究者にとって，共通点をもつ異なる材料どうしの比較が研究の参考になることを期待する．

上記のように，色素増感は長い歴史のなかで大きな実績を成し遂げつつ展開がなされている．おわりに，長年色素増感の研究に従事してきた研究者としての筆者の感想を以下に記す．筆者は大学院で色素増感の研究分野に飛び込んだ．色素増感は色々な内容を有する奥深い現象であり，その魅力に惹かれつつ銀塩感材分野で研究に取り組むうちに，気が付くと半世紀が過ぎていた．一人の研究者が飽きずに半世紀あまりの長きにわたって研究を続けられたことはその奥深さによるものであり，色素増感の魅力の一つを示すものであろう．また，そこから光触媒，色素増感太陽電池およびペロブスカイト太陽電池が飛び出してきたことは，色素増感が新しいものを生み出すポテンシャルを有している現象の現れであり，色素増感のもう一つの魅力を示すものであろう．本書が読者に少しでも色素増感の魅力を伝えることができれば幸いである．

筆者は本書を執筆しながら，半世紀余に及ぶ色素増感の研究を振り返った．そのなかで最も重要で印象に残っている研究は，修士課程のときに取り組んだ初期のものであった．色素増感の分野に飛び込みそれまでの研究を調べたときに，世界の著名な研究者たちがエネルギー移動機構を掲げて学会を導こうとしていることを知りびっくりした．何か違うと感じた．間違いの原因は増感色素の電子エネルギー準位の評価であろうと考え注力し，その結果は電子移動機構の妥当性を証明していく端緒となった．藤嶋後輩がハロゲン化銀電極の脆弱さに手を焼き，そこから本多・藤嶋効果の発見となった研究も修士課程のときのものであった．若い読者の方が刺激を得て，一生のなかで最も印象に残る研究を成し遂げる可能性がある．本書がそのような刺激となれば望外の幸せである．

査読者には本書の原稿を大変丁寧にお読みいただき，多くの有益なコメントをいただいた．ここに深く御礼申し上げる．

参考文献

[1] (a) 徳丸克己,『光化学の世界』, 大日本図書 (1998), (b) N. Turro, V. Ramamurthy, J. C. Scaiano (井上晴夫, 伊藤 攻 監訳),『分子光化学の原理』, 丸善出版 (2009).

[2] H. W. Vogel, *Berichte*, **6**, 1302 (1983).

[3] 日本写真学会 編,『改定 写真工学の基礎—銀塩写真編—』, コロナ社 (1998).

[4] T. Tani, "Photographic Sensitivity", Oxford University Press (1995).

[5] T. Tani, "Photographic Science", Oxford University Press (2011).

[6] T. H. James (ed.), "The Theory of Photographic Process", 4th ed., Macmillan (1977).

[7] A. Fujishima, K. Honda, *Nature*, **238**, 37 (1972).

[8] B. O'Regan, M. Graetzel, *Nature*, **353**, 737 (1991).

[9] A. Kojima, K. Teshima, Y. Shirai, T. Miyasaka, *J. Am. Chem. Soc.*, **131**, 6050 (2009).

[10] S. E. Koops, B. C. O'Regan, P. R. Barnes, J. R. Durrant, *J. Am. Chem. Soc.*, **131**, 4808 (2009).

[11] C. Poneseca, Jr., T. J. Savenije, M. Abdellar, K. Zheng, A. Yartsev, T. Pascher, T. Harlang, P. Chabera, T. Pulleris, A. Stepanov, J.-P. Wolf, V. Sundstroem, *J. Am. Chem. Soc.*, **136**, 5189 (2014).

[12] Y. Kanemitsu, Y. Yamada, T. Yamada, *Bull. Chem. Soc. Jpn.*, **90**, 1129 (2017).

[13] H. S. Jung, N.-G. Park, *Small*, **11**, 10 (2015).

[14] D. J. Fry, *In*: "Dye Sensitization: Symposium Bressanone", p.44, Focal Press (1970).

[15] E. G. McRae, M. Kasha, *J. Chem. Phys.*, **28**, 721 (1958).

[16] T. Kobayashi (ed.), "J-Aggregates", World Scientific (1996).

[17] T. Kobayashi (ed.), "J-Aggregates", 2nd ed., World Scientific (2012).

[18] R. L. Parton, T. L. Penner, W. J. Harrison, J. C. Deaton, A. A. Muenter, The 6th International East-West Symposium (2004), Ventura, CA, USA, Preprint book.

[19] J. Nakazaki, H. Segawa, *J. Photochem. Photobiol. C: Photochem. Rev.*, **35,** 74 (2018).

[20] T. Tani, "Silver Nanoparticles", Oxford University Press (2015).

[21] C. R. Berry, D. C. Skillman, *Photogr. Sci. Eng.*, **6**, 159 (1962).

[22] E. Klein, E. Moisar, *Photogr. Wiss.*, **11**, 3 (1962).

[23] R. Jagannathan, R. V. Mehta, J. A. Timmons, D. L. Black, *Phys. Rev.*, **B48**, 13261

(1993).
[24] T. Tani, T. Suzumoto, *J. Appl. Phys.*, **70**, 3626 (1991).
[25] M. Graetzel, *In*："Thin Film Solar Cells：Fabrication, Characterization and Application", J. Poortmans, V. Arkhipov, (eds.), Chapter 9, John Wiley & Sons (2007).
[26] H. Ishii, K. Seki, *In*："Conjugated Polymer and Molecular Interfaces Science and Technology for Photonic and Optoelectronic Applications", W. R. Salaneck, K. Seki, A. Kahn, J.-J. Pireaux (eds.), pp. 293-349, Marcel Dekker (2001).
[27] Y. Nakajima, M. Hoshino, D. Yamashita, M. Uda, *Adv. Quantum Chem.*, **42,** 399 (2003).
[28] H. Yoshida, *Chem. Phys. Lett.*, **539-540,** 180 (2012).
[29] T. Lenhard, *J. Imaging Sci.*, **30,** 27 (1986).
[30] T. B. Tang, H. Yamamoto, K. Imaeda, H. Inokuchi, K. Seki, M. Okazaki, T. Tani, *J. Phys. Chem.*, **93,** 3970 (1989).
[31] K. Seki, H. Yanagi, Y. Kobayashi, T. Ohta, T. Tani, *Phys. Rev.* **B49**, 2760 (1994).
[32] A. Terenin, I. Akimov, *J. Phys. Chem.*, **69**, 730 (1965).
[33] L. E. Lyons, *J. Chem. Soc.*, 5001 (1957).
[34] T. Tani, S. Kikuchi, *Photogr. Sci. Eng.*, **11**, 129 (1967).
[35] H. Meier, "Spectral Sensitization", Focal Press (1968).
[36] T. Tani, *Bull. Photogr. Imaging Jpn.*, **25,** 12 (2015).
[37] R. W. Gurney, N. F. Mott, *Proc. Roy. Soc. London. Ser. A*, **164**, 151 (1938).
[38] F. Mott, *Photogr. J.*, **88B**, 119 (1948).
[39] H. Buecher, H. Kuhn, B. Mann, D. Moebius, L. von Szentpaly, P. Tillmann, *Photogr. Sci. Eng.*, **11**, 233 (1967).
[40] T. Tani, T. Suzumoto, K. Ohzeki, *J. Phys. Chem.*, **94**, 1298 (1990).
[41] R. Steiger, H. Hediger, P. Junod, H. Kuhn, D. Bobius, *Photogr. Sci. Eng.*, **24**, 185 (1980).
[42] R. A. Marcus, *Ann. Rev. Phys. Chem.*, **15**, 155 (1964).
[43] P. B. Gilman, Jr., *Photogr. Sci. Eng.*, **18**, 418 (1974).
[44] W. West, B. H. Carroll, *J. Chem. Phys.*, **15**, 529 (1947).
[45] L. M. Kellogg, N. B. Liebert, T. H. James, *Photogr. Sci. Eng.*, **16**, 115 (1972).
[46] F. Willig, M. T. Spitler, *J. Imaging Sci. Technol.*, **41**, 272 (1997).
[47] K. Hashimoto, M. Hiramoto, A. B. P. Lever, T. Sakata, *J. Phys. Chem.*, **92**, 1016 (1988).
[48] H. Frieser, M. Schlesinger, *Photogr. Sci. Eng.*, **12**, 17 (1963).
[49] R. Katoh, A. Furube, K. Hara, S. Murata, H. Sugihara, H. Arakawa, M. Tachiya, *J.*

Phys. Chem., **B 106**, 12975 (2002).
[50] P. Schulz, E. Edri, S. Kirmayer, G. Hodes, D. Cahen, A. Kahn, *Energy Environ. Sci.*, **7**, 1377 (2014).
[51] T. Tani, *J. Soc. Photogr. Imaging Jpn.*, **81**, 318 (2018).
[52] N. K. Noel, S. D. Stranks, A. Abate, C. Wehrenfennig, S. Guarnera, A.-A. Haghighirad, A. Sadhanala, G. E. Eperson, S. K. Pathak, M. B. Johnston, A. Petrozza, L. M. Herz, H. J. Snaith, *Energy Environ. Sci.*, **7**, 3061 (2014).
[53] Y. Ogomi, A. Morita, S. Tsukamoto, T. Saitho, N. Fujikawa, Q. Shen, T. Toyota, K. Yoshino, S. S. Pandey, T. Ma, S. Hayase, *J. Phys. Chem. Lett.*, **5**, 1004 (2014).
[54] M. Ozaki, Y. Katsuki, J. Liu, T. Handa, R. Nishikubo, S. Yakumaru, Y. Hashikawa, Y. Murata, T. Saito, Y. Shimakawa, Y. Kanemitsu, A. Saeki, A. Wakamiya, *ACS Omega*, **2,** 7016 (2017).
[55] R. Nishikubo, N. Ishida, Y. Katsuki, A. Wakamiya, A. Saeki, *J. Phys. Chem.* **C121,** 19650 (2017).
[56] T. Tani, *J. Imaging Sci.*, **30**, 41 (1986).
[57] I. R. Gould, J. R. Lenhard, A. A. Muenter, S. A. Godleski, S. Farid, *J. Am. Chem. Soc.*, **122**, 11934 (2000).
[58] A. Solbrand, H. Landstrom, H. Rensmo, A. Hagenfeldt, S.-E. Lindquist, *J. Phys. Chem.,* **B101**, 2514 (1997).
[59] J. M. Frost, K. T. Butler, F. Brivio, C. H. Hendon, M. van Schilfgaarde, A. Walsh, *Nano Lett.*, **14**, 2584 (2014).
[60] T. Tani, R. Kan, Y. Yamano, T. Uchida, *Jpn. J. Appl. Phys.,* **57,** 055001 (2018).
[61] 一例として Y. Han, S. Meyer, Y. Dkhissi, K. Weber, J. M. Pringle, U. Bach, L. Spiccia, Y.-B. Cheng, *J. Mater. Chem.* **A3**, 8139 (2015).
[62] S. De Wolf *et al.*, *J. Phys. Chem. Lett.*, **5**, 1035 (2014).

索　引

【欧字】

【ア行】

【カ行】

【サ行】

【タ行】

【ナ行】

【ハ行】

Memorandum

Memorandum

〔著者紹介〕

谷　忠昭（たに　ただあき）

1968 年　東京大学大学院 工学系研究科工業化学専攻 博士課程修了
現　在　（一般社団法人）日本写真学会 フェロー（工学博士）
専　門　写真科学，光化学，物性物理学

化学の要点シリーズ　36　*Essentials in Chemistry 36*

色素増感　―カラーフィルムからペロブスカイト太陽電池まで―
Dye Sensitization : From Color Film to Perovskite Solar Cell

2020年 1 月31日　初版 1 刷発行

著　者　谷　忠昭
編　集　日本化学会　
発行者　南條光章
発行所　**共立出版株式会社**
[URL]　www.kyoritsu-pub.co.jp
〒112-0006 東京都文京区小日向4-6-19　電話 03-3947-2511（代表）
振替口座　00110-2-57035
印　刷　藤原印刷
製　本　協栄製本　　printed in Japan

検印廃止
NDC　431.5
ISBN 978-4-320-04477-7

一般社団法人
自然科学書協会
会員